商務
科普館

提供科學知識
照亮科學之路

劉廣定◎主編

益智化學
續編

臺灣商務印書館

益智化學續編／劉廣定主編. --初版.
　--臺北市：臺灣商務，　2014. 04
　　面　；　公分. --（商務科普館）

　ISBN 978-957-05-2917-3(平裝)

　1. 化學　2. 文集

340.7　　　　　　　　　　　　　　　　103001822

商務科普館

益智化學續編

作者◆劉廣定主編

發行人◆施嘉明

總編輯◆方鵬程

主編◆葉幗英

責任編輯◆徐平

校對◆梁燕樵

美術設計◆吳郁婷

出版發行：臺灣商務印書館股份有限公司

編輯部：10046 台北市中正區重慶南路一段三十七號

電話：(02)2371-3712　傳真：(02)2375-2201

營業部：10660 台北市大安區新生南路三段十九巷三號

電話：(02)2368-3616　傳真：(02)2368-3626

讀者服務專線：0800056196

郵撥：0000165-1　E-mail：ecptw@cptw.com.tw

網路書店網址：www.cptw.com.tw

網路書店臉書：facebook.com.tw/ecptwdoing

臉書：facebook.com.tw/ecptw 部落格：blog.yam.com/ecptw

局版北市業字第 993 號

初版一刷：2014 年 4 月

定價：新台幣 290 元

ISBN 978-957-05-2917-3

科學月刊叢書總序

◎─程一駿

科學月刊社理事長

《科學月刊》成立於 1970 年 1 月，是由一批熱心的海內外學者，本著推動國內科學教育的理念，無私的奉獻自己的心力，犧牲了閒暇的時間，在經費十分拮据的情形下，創辦了本刊物。一路篳路藍縷，走過了四十二年的歲月。我們見證了臺灣從七〇年代經濟起飛後所帶來的科學蓬勃發展，也見證了科技從電腦發展中進入新紀元的時代。雖然《科學月刊》一直無法成為暢銷讀物，但我所看到的卻是一批學有所專的社會中堅分子，在這四十二年中，一棒接一棒的，本著推動科學教育的理念，在巨變的社會中，堅持共同的想法；持續將最新的科學知識，以深入淺出的手法，介紹給社會大眾。在不知不覺中，《科學月刊》已成為國內科學教育及科普的重要刊物。很欣慰的是，最早創辦此一刊物的理念，在經過四十二年的洗鍊後，依然是目前發行本刊物最重要的依據。

在所有的科學工作中，最困難的是科學教育及科普寫作，因為和實驗室的工作不一樣之處在於，科普教育所面對的不是少數的專業論文審查，而是一大群根本不懂你在說什麼的中、小學學生及社會大眾，要讓他們了解實驗室中深奧的理論，就必須簡化想法，再以接近說故事的手法，將知識以重點的方式傳達出去。就我所了解，這對多數研究人員而言，比吃苦藥還要難，

也大多抱著退避三舍的心態以對。加上國內長期不重視這方面的發展，科學教育就一直步履蹣跚的緩慢前行。在網路知識快速發展的今天，不正確的科學知識及謠言，往往在缺乏正確科普的糾正下，演變成主事者錯誤判斷的根據，及耗費社會巨大成本的抗爭事件。由此可見，推動科學教育是科學研究人員所應負起的社會責任。

在《科學月刊》中，我們一直堅持的是「求真與求實」，我們關心的是，目前科學界中發生了哪些大事，及在最短的時間內，將它們傳達給社會大眾。雖然說，一些文章會引起爭議，但和許多理論的爭議一樣，多是觀點不同論述而已。同時，我們也會以專題的方式，介紹一些重要的科學議題，好讓大眾能獲得較完整的相關知識。由於《科學月刊》是針對高中生到大學生所設計的，因此我們比較注重知識的傳遞，在某些程度上，對寫期刊論文的老師而言，語氣及寫作手法的轉換，也較不吃力，觀念也多能完整的呈現。而且這一年齡層的讀者較會吸收新知識，教師也多會找尋相關的資料，作為上課的輔助教材。在這種需求下，《科學月刊》扮演著重要的知識供應者，並隨時提供師生在學習上所需的最新知識。

目前社會上有許多科普及科學教育相關的刊物，從設計給幼稚園小朋友到大專生以上的讀者都有，許多科學教育相關的營隊，也不斷的舉辦，但大部分成功的刊物，多半為引進國外的資金或是臺灣版的刊物，它們對國內的科普教育，雖都有著重要的貢獻。但我們必須反思一件事，就是臺灣的科技人才濟濟，難道就不應維持一本屬於自己人創辦的科普教育之刊物！唯有透過它，及一批熱心奉獻的知識分子，我們才能將科學知識，向下紮根在中學及大學教育之中。中國大陸雖然非常注重科學研究，甚至不惜砸重金禮聘所謂的「長江學者」等，希望能在短短的幾年內，達到領先世界的地位。但他們仍然會全力支持科普教育及相關的期刊，像是《生命世界》等，就連歐美各國也有很好的科普雜誌，目的就是藉由這些雜誌，作為科學研究與民眾間的重要橋梁。在我的心中，《科學月刊》雖然無法像中國大陸一樣，由政府贊助發行全國，但它的確在國內扮演著相同的角色。

在經歷四十二年的歲月，《科學月刊》所提供的知識也與時俱進，許多科技也日新月異。在過去所討論到的新知，現在已成為舊聞或是教科書的部

分教材，當閱讀這些文章時，就好像走進時光隧道一樣。另外一些文章，則屬於基礎知識的介紹，因為沒有時效性，一直到今天都十分有閱讀的價值，像是生態及演化學方面的文章，就是最好的例子。在這種組合下，《科學月刊》五百一十一期上千篇文章包羅萬象，除了人文社會學的領域外，幾乎無所不涉，也成為國內重要科學教育的資料庫，難怪許多出版社，均對《科學月刊》的文章，抱著極大的興趣。身為科學月刊社的成員，我們有責任維護它們，好讓前人的心血不致於白費，同時也應將這些寶貴的文章，做最好的運用。畢竟，推動科學教育是本社的主要目標。

　　此次與臺灣商務印書館合作，以各個領域為單元，挑選五百一十一期中合適的文章，編輯成冊，發行叢書，就是希望藉由具有商譽的出版社，將這份寶貴的資料庫中之精華，出版與社會大眾分享。因為許多目前社會上所討論的議題，在《科學月刊》中均有類似的文章發表過，因此這些書籍，仍然扮演著重要的科學教育之角色。此次發行單行本最大的特色是，全書均由短篇文章所組成，因此在閱讀上，十分適合時下年青讀者的習性，也較易吸收。我們也可藉由文章的整理中，了解到前人所投注的心力。雖然《科學月刊》因經費有限，加上主事者幾乎全為注重科研的學者，因此在包裝上，無法和坊間的雜誌相比。但因內容紮實，卻也反映出它濃濃的科學教育之氣息，這不正是學者本色的寫照！

　　發行這一系列的叢書，不僅代表科學月刊社仍然扮演著科普教育重要的推手，更重要的是，它具有承先啟後的意義，為科學月刊的未來，樹立一個良好的典範，好讓科學月刊社，能一直扮演著國內科學教育的重要支柱。

「商務科普館」
刊印科學月刊精選集序

◎─方鵬程

臺灣商務印書館總編輯

　　《科學月刊》是臺灣歷史最悠久的科普雜誌，四十年來對海內外的青少
年提供了許多科學新知，導引許多青少年走向科學之路，為社會造就
了許多有用的人才。《科學月刊》的貢獻，值得鼓掌。

　　在《科學月刊》慶祝成立四十週年之際，我們重新閱讀四十年來，《科
學月刊》所發表的許多文章，仍然是值得青少年繼續閱讀的科學知識。雖然
說，科學的發展日新月異，如果沒有過去學者們累積下來的知識與經驗，科
學的發展不會那麼快速。何況經過《科學月刊》的主編們重新檢驗與排序，
《科學月刊》編出的各類科學精選集，正好提供讀者們一個完整的知識體
系。

　　臺灣商務印書館是臺灣歷史最悠久的出版社，自 1947 年成立以來，已
經一甲子，對知識文化的傳承與提倡，一向是我們不能忘記的責任。近年來
雖然也出版有教育意義的小說等大眾讀物，但是我們也沒有忘記大眾傳播的
社會責任。

　　因此，當《科學月刊》決定挑選適當的文章編印精選集時，臺灣商務決
定合作發行，參與這項有意義的活動，讓讀者們可以有系統的看到各類科學

發展的軌跡與成就，讓青少年有興趣走上科學之路。這就是臺灣商務刊印「商務科普館」的由來。

　　「商務科普館」代表臺灣商務印書館對校園讀者的重視，和對知識傳播與文化傳承的承諾。期望這套由《科學月刊》編選的叢書，能夠帶給您一個有意義的未來。

2011 年 7 月

主編序

◎─劉廣定

化學是基礎科學之一門，不但與其他科學學門密切相關，而且不斷地快速發展。另有一些曾為人視如老舊的知識觀念，經重新研發，又獲得了新的生命力。當然也有一些新發明，很快就因始料未及的缺點而遭淘汰。因此在化學教育方面，科學先進國家之基礎課程教材內容常更新改進，課程標準也常兼具時代性和前瞻性。近年來更趨於注重和其他學科的聯貫性。

反之，臺灣的科學教育從二十年前的教育改革運動開始，到政府強行推動不當的教改政策，致使教材、教法不切實際，並與時代脫節。造成多數學生知識淺薄，程度低落。尤其是自民國 103 學年度起，在沒有新課綱，沿用老舊教材的情況下，貿然推行十二年國教。則多數高中學生之所學、所知將愈為落後，在在嚴重影響未來高等教育以及國家發展之國際競爭力，亟需匡正、補救。

《科學月刊》1970 年元月創刊時，所設定讀者群為：正在就學的高中和大學一年級學生，以及具有高中和大一程度之其他學生與社會人士。至今未變。所刊文章以追求國際性的現代科學能在本土生根為目標。編輯策略則力求與國際接軌，依不同年代之需要來規畫、選擇。希在體制教育外，供給好學上進的讀者及時獲得現代科學知識與正確學習態度之機會，略盡知識分

子為國育才之心力。

兩年前曾將二十一世紀的第一個十年（2001～2010）間《科學月刊》所載有關化學之文，選出二十二篇編成《益智化學》一書。今再另選過去五年（2008～2012）內的文章二十五篇輯成「續編」，以饗讀者。

《益智化學續編》分成「對化學元素的一些新認識」、「多了解水」、「化學與生活藝術欣賞」、「聚合物」與「認識能源與輻射」五個單元。「對化學元素的一些新認識」共七篇，分別介紹氫、氦、稀土金屬與鈾的特性與用途，以及 2011 年國際化學聯合會（IUPAC）對原子量所下的新定義等。「多了解水」也有七篇，除了水的多種性質，還介紹了水資源以及與永續發展的相關性，並破除「磁化水」等迷思。「化學與生活藝術欣賞」的四篇中則介紹如何留住花香，化學和提琴美音的關係，及串珠綴成化學分子模型之藝術等。「聚合物」之三篇文章乃較為深入介紹一些常用的聚合物，並說明兩年前不肖商人摻入食品的「起雲劑」真相。「認識能源」有四篇，包括〈石油用完了怎麼辦〉，介紹核能與核能發電，及輻射作用等正確知識，並請參看第一個單元中〈蘊藏巨大能量的元素—鈾〉一文。各單元之文章序列多依《科學月刊》刊出時序而定。內容只有少數曾予刪節，唯第三單元的「珠璣化學」一篇，特煩原作者補充與增圖，俾使讀者更易了解。

最後要說明：因所輯各篇常為不同作者所寫，難免偶有重複，盼讀者見諒。若對選文內容有意見，請與出版者或編者聯繫。

2013 年雙十國慶前夕
於臺灣大學化學系

CONTENTS
目錄

什麼是「元素」？

◎—劉廣定

任教臺灣大學化學系

科學中「元素」一詞乃自 element 譯成。臺灣的中學化學教科書通常將「元素」定義為「純物質的一種，[1] 由一種原子所組成，不能再以任何化學方法將其分解成其他物質。」但這實與「原子」的定義相似。又有「同素異形體（allotrope）」表示「由相同元素原子構成，但性質、結構有差異者。」這樣的定義對初學者，或非化學相關專業者是容易造成混淆的。例如氧氣（O_2）常簡稱氧，和臭氧（O_3）是「同素異形體」，依定義，兩者都屬於「元素」。然而，臭氧易因光分解成氧原子（O）和氧氣（O_2），氧原子（O）與另一臭氧（O_3）反應生成兩個 O_2。即：$2\ O_3 \rightarrow 3\ O_2$，而與定義不合。

按照國際純粹及應用化學聯合會（IUPAC）對「化學元素

---

1. 另一種純物質為化合物。

（chemical element）」的定義有二：

1. 原子的一種，其所有原子的原子核中的質子數皆相同。

2. 一種由原子核中的質子數皆相同的原子所組成的純化學物質。有時稱為「elementary substance」以與前一定義區別。化學元素的這兩個概念是經常並用的。

大陸的「中國化學會」1980 年將 elementary substance 譯為「單質」以與「化學元素」定義 1 有所區別。並說明：

> 「單質名稱一般均與元素相同。通常為氣態的單質元素可稱為某氣，例如氫氣。金屬單質可在元素名稱前冠以金屬二字，例如金屬鈉。非金屬固體元素的後面可以加一素字，例如碘素。此外，在行文中也可以適當地採用一些慣用的雙音單質俗名如黃金，硫磺……等。」

拙見以為改用「單質」表示只含單一元素的純物質不易造成混淆，利於學生學習。建議今後中學教科書予以採用。

（2012 年 5 月號）

認識化學名辭的正確意義
——以「原子量」為例

◎—劉廣定

科學家創用新的科學名辭時，必會賦予一定的意義，這就是此一新名辭的定義。但在科學發展的過程中，不同的科學家可能對於同一名辭給與不同的定義，也可能對於同一定義使用不同的名辭。

　　約自二十世紀開始，許多國際性的學會陸續成立，例如 1911 年成立的國際純粹及應用化學聯合會（簡稱 IUPAC）。其目的之一即是討論、協調，謀求科學名辭及其定義的統一，以利溝通與了解。經過不同國家代表組成相關委員會通過後，即可視為該學科國際共同認定者。IUPAC 編有《化學辭彙》（*IUPAC Compendium of Chemical Terminology*），隨時補充、更新。[1] 該會制定的化學名辭，名義上

---

1. 現可上網進入 http://old.iupac.org/publications/compendium/A.html 查詢。

雖僅是「推薦（recommendation）」而無強制性，實際上幾乎是世界各國一致遵照採用的。

　　然而近來筆者發覺有些中學化學教科書[2]對於某些化學名辭的定義或解釋，與 IUPAC 推薦的不一致，將有礙學生日後之進階學習。本文先說明「原子量」一辭之正確意義以及其最近發展，以供讀者參考。

　　從國中化學介紹原子開始，教科書就講到原子量。原子量的英文是 atomic weight，但實際上與「重量」（weight）無關。這是因為 1808 年道耳吞出版他的《化學哲學新體系》第一部分時就用「原子量」來表達原子以氫為 1 的相對重量（relative weight），而沿用至今。1961 年 IUPAC 通過以一個碳-12 同位素原子的 1/12 為原子質量單位（u）。[3] 其他的元素，如氟的穩定同位素只有氟-19，它每個原子的質量為 18.9984032u，故原子量為 18.998（五位有效數字）或 19.00（四位有效數字）。其他有不只一個穩定同位素的元素原子量即以其各種穩定的同位素，依天然組成比例與 u 比較而得。例如銅有銅-63（69.174%）和銅-65（30.826%）兩種穩定同位素，原子質量分為 62.930u 和 64.928u，因此銅元素的原子量為：

---

2. 至少見到兩種教科書有此缺失。
3. 目前所定 u 值為 $1u = 1.660538782（83）\times 10^{-24}$ 公克，通常只會取五位有效數字（1.6605×10^{-24} 公克）。有人用舊有的 amu 代替 u，但 IUPAC 建議用 u。

$$69.174\% \times 62.930$$
$$+\ 30.826\% \times 64.928$$
$$=\ 63.546\ (\text{五位有效數字})$$
$$\text{或}\ 63.55\ (\text{取四位有效數字})$$

依定義，**原子量乃一相對值，是沒有單位的**。有些中學教科書說某元素的原子量為若干 u，或若干 amu，都是錯誤的表達法，甚至可謂畫蛇添足。

然而，這種定義和表示法都會造成學習上的困惑。就名辭本身而言，既是 weight 怎麼沒有單位？在化學計量上，1 莫耳銅的質量為 63.546 公克，這個單位又是怎麼出現的？初學者都不易了解。過去 IUPAC 曾幾度組成特別委員會，討論原子量的定義和用法，但都未得到結論。反對修改者所持之一理由是「所有化學家都了解它的意義」。可是，學生並非化學家，故近年來有些美國的教科書已經不用「原子量」這個名辭而改用「相對原子質量」或「原子質量」，以利教學。實際上，IUPAC 在 1961 年的辭彙已用：**元素的相對原子質量（也稱為「原子量」）**。定義是：相對於碳-12 原子質量的 1/12 為某元素原子的平均質量。[4] 我們的中學教科書課程綱要卻仍規定用

---

4. 英文原文是 An atomic weight（relative atomic mass）of an element from a specified source is the ratio of the average mass per atom of the element to 1/12 of the mass of an atom of ^{12}C.

「原子量」這個不適於教學的名辭,教科書的編者也未加特別說明,實應有所改進。

IUPAC 每隔一年會經特定的委員會討論後提出新的「原子量」表,也稱為「標準原子量」表,約一年後通過後公布。最近的一次是2009年提出,2010年12月通過後在網路上公布,並於2011年2月出版的《純粹和應用化學》期刊(*Pure and Applied Chemistry*)刊出,爾後又有補充。其中有兩項重要改變:

一、由於近年發現在不同地區有些元素的同位素分布並不一致,現已確定的有氫、鋰、硼、碳、氮、氧、鎂、矽、硫、氯、溴、鉈十二種。故這十二種元素的原子量並非定值,如表一。

表一:原子量非定值的十二種元素

元素	原子量範圍
氫	1.007 84 － 1.008 11
鋰	6.938 － 6.997
硼	10.806 － 10.821
碳	12.0096 － 12.0116
氮	14.006 43 － 14.007 28
氧	15.999 03 － 15.999 77
鎂	24.30 － 24.31
矽	28.084 － 28.086
硫	32.059 － 32.076
氯	35.446 － 35.457
溴	79.90 － 79.91
鉈	204.382 － 204.385

須注意的是，是否必須考慮其變化值，乃依有效數字的位數而定。以氫為例，如取五位，則 1.0078 與 1.0081 有差，但只取四位時，都是 1.008 並無差異。但對硼而言，無論取四位或五位，都是有變化的。

二、週期表中元素的表現方式可分四類，如圖。

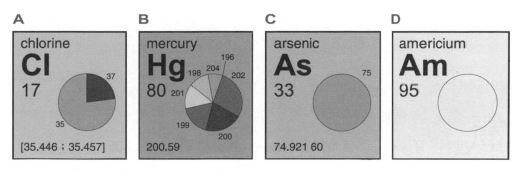

（A）原子量非定值者如氯（Cl）；（B）原子量係定值者如汞（Hg）；（C）只有單一穩定同位素者如砷（As）；（D）無穩定同位素的人造元素如鋂（Am）。

（2011 年 7 月號，2013 年 10 月補充）

不知「氫」重？

◎—施建輝

任教新竹科學園區實驗中學化學科

氫是最容易被忽視的元素。在一般的化學教科書中，我們常見到以下介紹：「空氣的成分裡，氮氣占約 80%，氧氣占約 20%」，或「地殼的元素前四位分別為氧、矽、鋁、鐵」，卻很少有提到「氫」這個元素的。作為週期表上的第一號元素，「氫」是很委屈的，我們先為它平反：

（一）在地殼裡，如果按重量計算，氫只占總重量的 1%，而如果按原子百分數計算，則占 17%。

（二）海洋占地球面積的十分之七，海洋以水（H_2O）為主體，氫只占總重量的 11%，但若按原子百分數計算，則占 67%。

（三）在太陽的大氣中，按原子百分數計算，氫占 81.75%。

（四）在整個宇宙中，按原子百分數來說，氫是最多的元素。據研究，在宇宙空間中，氫原子的數目比其他所有元素原子的總和還要約多 10 倍。

由以上的資料，我們可確認「氫」是非常重要的元素，基於這個緣故，以下讓我們深入了解這個元素。

週期表的第一號元素

人們很早就發現氫氣的存在，因為當熾熱的炭遇到水蒸氣，即可生成一氧化碳與氫氣。但直到 1766 年，氫才被英國科學家卡文迪許（Henry Cavendish）確定為化學元素（當時稱為可燃空氣），並證明它在空氣中燃燒會生成水。1787 年法國化學家拉瓦錫（Lavoisier）證明氫是由單一元素組成的物質，並為它命名。

氫的元素符號為「H」，源自其英文名稱「Hydrogen」，這個字希臘原意為 hydro（水）加上 genes（形成者），即氫是形成水的元素；日語循希臘語原意，稱為「水素」；我國則名之以「氫」，顧名思義，知其常溫常壓下為氣態且為最輕的元素，也相當傳神。

氫的原子序為「1」，表示它是週期表的第一號元素，其結構是所有元素中最簡單的。氫的原子核內僅有一個質子，而原子核外僅有一個電子。

氫有數種同位素，常被提及的是 ^1_1H（H，氫，或寫為氕）、^2_1H（D，重氫，或寫為氘）與 ^3_1H（T，超重氫，或寫為氚）；其他則為人造元素，有 ^4_1H 與 ^5_1H，生命期甚短。前三種同位素的原子量與百分率如表一所示：

表一

	${}^1_1H$	${}^2_1H$	${}^3_1H$
原子量	1.00783	2.01400	3.01605
百分率	99.985%	0.015%	10^{-17}%

故氫的平均原子量（忽略${}^3_1H$）為 $1.00783 \times 99.985\% + 2.01400 \times 0.015\% = 1.00798$，取到小數點第三位 1.008，即為週期表上所列出的原子量。

氫的應用

氫氣槍

高中職很受歡迎的科學競賽——遠哲科學趣味競賽，有個競賽項目就是「氫氣槍」，以鋅片與鹽酸反應生成氫氣，將氫氣混合空氣，收集在養樂多瓶，再以點火槍點燃氫氣射出養樂多瓶，比賽哪一隊能將養樂多瓶射得最遠（圖一）。為獲佳績，各參賽隊伍要動手動腦、發揮創意，玩過的學生都很喜歡這個活動。

圖一：「氫氣槍」競賽：用點火槍點燃養樂多瓶內的氫氣，看看誰能將瓶子射得最遠。（遠哲科學教育基金會提供）

圖二：利用氫氣升空的興登堡飛行船，不幸在空中起火，造成船上人員全數罹難。（圖片來源：維基百科）

飛行船

人類一直有飛行的夢想，因為氫氣是最輕的氣體，用氫氣搭載人類升空，一直是冒險家研究發展的方向。二十世紀初，氫氣球升空了，搭乘氫氣球升空，是那個時代的熱潮。可是 1937 年的興登堡號飛船在空中起火，導致船上 35 人全數罹難（圖二），飛行船的發展就此煙消雲散。

核融合：帶來希望或者毀滅？

前言提及，宇宙中最豐富的元素是氫，恆星一直進行氫的核融合，並散發大量的能，所以我們能在夜空看到星光點點。而太陽因核融合散發的，正好供應地球上所有生物生存所需的能量。核融合反應如下（其中 υ 為微中子，γ 為光子）：

$$^1H + {}^1H \rightarrow {}^2H + e^+ + \upsilon$$
$$^2H + {}^1H \rightarrow {}^3He + \gamma$$
$$^3He + {}^3He \rightarrow {}^4He + 2{}^1H$$

可是國際強權爭相發展的炸彈——氫彈，卻可能對地球帶來毀滅性的傷害。1952 年美國試爆的一個氫彈，其爆炸威力相當於二次

世界大戰時，投在廣島的原子彈的 500 倍！想一想，地球能禁得起如此的傷害嗎？可喜的是，目前因為能源危機，各國科學家致力於核融合的和平用途──氫能源。人類進行的核融合是使用 ^2_1H 與 ^3_1H 為原料，在極高溫下產生核融合，故又稱熱核反應。其反應如下：

$$^2H + {}^3H \rightarrow {}^4He + {}^1n + 能量$$

燃料電池

氫氣在未來還可望作為一種可替代性的潔淨能源，即燃料電池。車輛燃燒汽油或柴油作為動力來源，其實相當耗費能源，因為燃燒生成的熱，其能源效率甚低，只能達到 40% 左右。但是若能將燃料的化學能轉換為電能，理論上其能源效率可達 100%！去年的石油價格曾高達一桶 147 美元，因此替代能源的發展又再度受到重視。燃料電池種類甚多，這裡介紹質子交換膜燃料電池。這種燃料電池是以氫氣與氧氣為原料，其反應如下：

$$陽極半反應：H_2 \rightarrow 2H^+ + 2e^-$$
$$陰極半反應：O_2 + 4H^+ + 4e^- \rightarrow 2H_2O$$
$$全反應：2H_2 + O_2 \rightarrow 2H_2O$$

氫氣的來源相當豐富，且反應後只產生水，對環境的維護相當有利。

結語

　　氫的介紹，在高中化學被放在「非金屬元素」，此章與「金屬元素」合稱為「敘述性化學」。這兩章一向是老師與學生覺得頭痛的單元，因為內容非常龐雜，需要講述或記憶的內容甚多，通常老師草草帶過，學生也囫圇吞棗。本人一直希望在這兩個單元的教與學有所突破，也因此下了不少功夫在教學的準備上。

　　我個人認為對知識的新奇感是學習最重要的動力，在「氫」的教學中，我先以被忽視的氫為出發點，點出氫在地球甚至宇宙中的重要地位，引起學生的重視。接著以週期表第一個元素為題，開始介紹氫的基本資料，當學生知道「H」的英文全名與希臘文原意，對氫的感覺就不同了，尤其提到日本週期表上的氫，是以漢字「水素」表示，使學生對氫有了更熟悉的感覺，也願意進一步了解它；再安排進行「氫氣槍的射遠競賽」讓學習達到高潮。最後，結合最新科技的介紹，「氫」就活了，學生也覺得有趣且有收穫。

　　本人曾與甚多化學老師們分享在「敘述性化學」教學的理念，獲得不少迴響，在此將教學的精神以「氫」為例，作為教學參考，同學可從課堂上學習這個單元，更可從網路或相關書籍閱讀更多資料，就會對各個元素的實際面貌有不同的體會。

（2009 年 3 月號）

我就是第一名
——神奇的氫原子

◎—宋文德、李芳靜、王文竹

宋文德、李芳靜：淡江大學化學系碩士班

王文竹：任教淡江大學化學系

在學校時，學習了很多化學相關的課程，也了解許多原子及分子的性質及特色，而在這之中，要挑個最特別的原子會是哪個呢？當然，每個人的答案都不盡相同，因為每個原子都擁有自己的特色，但當每個人遇到這個問題的時候，最先會聯想到的大多都是在化學課中所學的化學元素週期表了，再來會在腦中構築這些原子在表上的什麼位置，最後就會開始思考這些原子會有什麼樣的特性。元素週期表一開始看到的原子是氫（H），氫在元素週期表的最左上角，排名第一，是結構最簡單的原子，也是宇宙中存在最多的原子，質量約占 75%之多，所以叫它第一名絕對沒錯，不止如此，它真的是個最特別的元素之一，它會有什麼樣獨特的地方呢？

電子組態 1s¹ 的元素

　　氫的電子組態是 $1s^1$，具有一個電子，位於 s 軌域。它和週期表中位於其下同一欄的元素，都有相似的 ns^1 組態，那些鋰、鈉、鉀等是屬於金屬，那麼氫也該有金屬性才對，沒錯，高壓低溫下的氫元素確實是個金屬，宇宙中的金屬氫星球多的是。太陽系中最大行星是木星，根據太空探測，木星中心有個很小的岩核及一小圈冰核，包圍其外的絕大部分就是金屬態氫，換言之，木星是個金屬氫核的星球。

　　從另一個角度來看 $1s^1$，它只差一個電子就填滿它的價層軌域，和鹵素族相似，鹵素也是只差一個電子就填滿其價層軌域，所以氫也可屬於非金屬類，而且也像鹵素是以雙原子分子存在，且可與其他原子以單鍵結合。同理，類似於鹵素易形成 - 1 價的離子，氫也可以形成 - 1 價離子，與其他金屬陽離子（例如 M^+）形成具有離子鍵結的氫化物；有趣的是當金屬離子的電荷與半徑不同時，M-H 鍵結的特性可以由離子鍵性逐漸過渡到具有共價鍵性。

只有一個電子的元素

　　氫是最簡單的原子，只擁有一個電子，這也是影響氫化合物性質最關鍵的因素。為什麼只有一個電子就會有不一樣的行為呢？當氫原子和別的原子 A（或原子團）形成鍵結，組成分子時，A-H 鍵結的一對電子就大多被拘束在 A 及 H 兩個原子之間，亦即 H 的另一邊

只剩極低的電子密度，遮蓋不住 H 的正電原子核。此時，它對高電子密度的原子或原子團 B 就有極大的吸引力，這個新的作用力很大，A-H…B 的氫鍵於焉生成。

打個比喻來看，氫以外的其他原子有很多電子，就像一個人穿了內衣、外衣、背心、毛衣、大衣，運動時外衣的擺動，總還有內衣的遮掩，但氫原子只有一小片布，遮住前方就露出屁股了，豈不引人側目。別的原子形成鍵結，頂多引起一些極性變化，產生凡得瓦力，但氫原子就會生成很強作用力的氫鍵了。

也就是說，氫鍵可以看成氫原子的 1s 軌域和兩端的 A 及 B 原子的軌域都有重疊，使這四個電子遊走在 A、H 及 B 之間的非定域化效果。氫鍵與偶極作用力有異曲同工之妙，但不同的是，一般所看到的偶極作用力上的兩側原子，雖會帶有正負電，但在正電端仍帶有多層電子，而氫鍵上的氫原子幾乎沒有電子的存在，造成兩種作用力相差非常大。

而影響氫鍵的強弱關鍵在和氫原子鍵結之原子 A 的電負度，鍵結原子 A 的搶電子能力越強，如 N-H、O-H、F-H 等，就越能使氫帶更強的正電，所形成的氫鍵就會更強；換句話說，若鍵結原子的搶電子能力越弱，例如 CH，氫鍵就隨之越弱，但這依然是氫鍵，對於分子結構上的變化依然重要，例如蛋白質等大分子中就有很重要的 C-H…O 或 C-H…N 氫鍵。

非經典型氫鍵

　　那麼形成氫鍵時，氫的正電性只能吸引負電性的原子嗎？[1] 答案是否定的，因為只要原子或原子團有豐富的電子，A-H 的氫還能和一整個分子或是金屬形成氫鍵，形成非經典型氫鍵（non-classical hydrogen bond）。當然這個分子並不是隨意的分子，而是具有不飽和鍵之分子，因為雙鍵及三鍵都擁有許多的π電子，可以和 A-H 的氫正電荷互相吸引，常見的有 A-H 垂直於一個苯環的正中心，或垂直於一個炔基的正上方。同理，在有機金屬化合物中的金屬中心，具有低價甚或負價，也是具有豐富的電子，因此才能產生吸引力，形成 M⋯H 鍵。

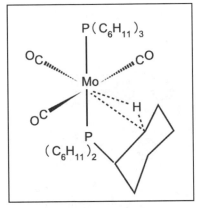

圖一：擁氫鍵（agostic bond）的例子，鉬（Mo）金屬為中心的 Mo（PCy₃）₂（CO）₃，其三環己基磷（PCy₃）上的 H 和鉬形成擁氫鍵。）

　　另外有一種特別的 M⋯H 作用力稱為「擁氫鍵」（agostic bond），這個希臘字的意思是「拉靠近自己」（to hold close to oneself），在有機金屬化合物中，若有配位子的一個 C-H 鍵靠近金屬中心，這個 C-H 鍵的電子會和金屬配位，造成 M-H 的結合，這也是一種非常特別的氫鍵（圖一）。氫一個這麼簡單的原子，竟然在化學的世界中扮演這

---

1. IUPAC 組成了一個工作小組，正在討論如何給氫鍵做出新定義，見 http://old.iupac.org/reports/provisional/abstract11/arunan_310311.html

麼多種不同的角色，其性質真是非常獨特。

氫鍵的重要性

　　化學作用力依照其大小排列，可以區分為共價鍵、離子鍵、氫鍵及凡得瓦作用力。較強的作用力如共價鍵和離子鍵，通常是一個分子或物質結構的最主要決定因子，而較弱的作用力如氫鍵或凡得瓦作用力，將會對這些分子或物質的結構做細部調整，尤其是改變分子間的作用力，而影響一些重要的結構及物理性質，可見我們不能忽視這些微弱的作用力的存在。

　　在 DNA 的雙螺旋結構中，G-C 與 A-T 的鹼基對之間就分別有三個及二個氫鍵，撐起了它的三維架構，但因為氫鍵不強，所以又可輕易解開，以供轉錄 RNA，再進行序列的化學反應（圖二）。DNA 中的氫鍵就像衣服的拉鏈，可以輕易地拉開，再一拉就又合成原狀，豈不妙哉。此外，在由胺基酸組成的蛋白質構造中，其二級結構的α-螺旋及β-摺板構

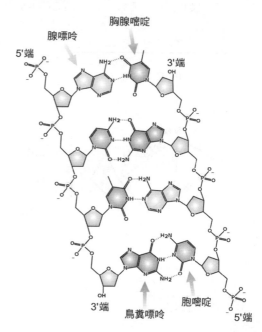

圖二：DNA 的構造，4 種鹼基的配對之間會形成氫鍵，讓兩股 DNA 可以分開或結合。（圖片來源：維基百科）

造，也是靠氫鍵結合的，即建構三維蛋白質的主要作用力。

血紅蛋白的結構中有287個胺基酸，形成圓盤狀的紅血球，但在「鐮刀形紅血球症」患者血液中，紅血球會壓縮成鐮刀形，兩者的蛋白質只有一個胺基酸不同，前者是具有-C_2H_4COOH 基的麩胺酸（glutamic acid），後者是具有-C_3H_7 基的纈草胺酸（valine）（圖三）。兩者的差別只在於一個可以形成氫鍵的-COOH 官能基，就撐開了紅血球，只不過是 1/287 的微小差別。那麼弱的氫鍵作用力，竟會使一個大系統做這麼大的改變，所以我們真是不可小看氫鍵，應該好好認識這個「第一名」的原子。

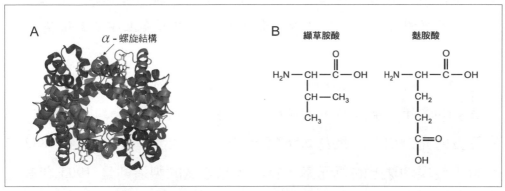

圖三：（A）血紅蛋白的構造主要為α-螺旋。（B）纈草胺酸與麩胺酸的結構。（圖片來源：維基百科）

（2011 年 4 月號）

最優良的冷卻劑——氦氣

◎─古煥球

任教清華大學物理系

自然界裡的氦氣主要存在於天然氣中，是一種極輕的氣體。液態氦的溫度接近絕對零度，常用於冷卻劑，在醫療與工業上亦極有價值。

在銀河系中，氦僅次於氫，元素質量占 24% 之多，因此氦元素是 1868 年日全蝕時，透過觀測太陽（希臘名 helios）之未知的亮黃色發射光譜線（波長為 5,587.5 奈米）才首次被發現，直到 1882 年人類才發現地球上的氦元素。首次大量氦氣的製造則是 1903 年美國開發西南部天然氣田時，提煉過程產生之副產品，其來源為重放射性元素的自然放射性α衰變（alpha-decay），例如鈾-238 會衰變成α粒子（氦-4 原子核）及釷-234（反應式為 $^{238}U \rightarrow {}^{4}He + {}^{234}Th$），氦陷於天然氣中形成。美國西南部天然氣田中有高含量氦，約 0.3～2.7%。

臺灣不產氦氣，所需氦氣及液態化之氦（簡稱液氦）均由氣體公司，如三福氣體公司、亞東工業氣體公司等從美國母公司（Air

Products, Air Liquide 等）將氦氣液化後，用液氦低溫儲存槽（LHe cryogenic storage tank）以海運方式進口，每年進口約 20 萬公升液氦，供醫院、工業界及研究單位使用。

氦氣的基本性質

荷蘭物理學家翁內斯（H. K. Onnes）於 1908 年首度成功的將氦氣液化，氦氣在 1 大氣壓（1 atm）時之液化溫度為凱氏絕對溫度 4.2 度（4.2K，即攝氏負 269 度）（圖一），他於 1911 年利用液態氦冷卻，以測量元素金屬電阻隨溫度之變化時，發現了汞（Hg）金屬在 4.2K 的超導性（superconductivity）以及超導體（superconductor）的電流在臨界電流（critical current, I_c）以下時，電阻為零、無能量損耗。翁內斯因此二項貢獻於 1913 年榮獲諾貝爾物理獎。2011 年是超導體發現一百週年，我國在 8 月將舉辦新穎超導國際會議（Interna-

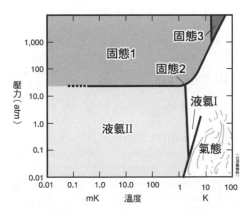

圖一：氦-4（^{4}He）壓力-溫度（p-T）相圖。其中液氦 II 為超流體相。

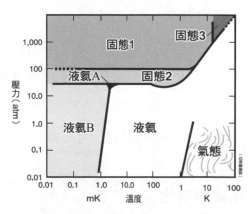

圖二：氦-3（^{3}He）壓力-溫度（p-T）相圖。液氦 A 及液氦 B 為超流相。

tional Conference on Novel Superconductivity）慶祝，此會議為第二十六屆低溫物理國際會議（26th InternationalConference on Low Temperature Physics, LT26,Beijing）之隨辦國際會議。

筆者第一次接觸到液氦，是 1975 年在美國聖地牙哥加州大學（UCSD）當博士研究生時，當時液氦低溫保持器（cryostat）仍用玻璃杜而瓶製造，可以清楚看到無色透明的液氦。但回臺灣後，所有液氦均裝在不透明的無磁不銹鋼低溫保持器內，再也無法親眼看到液氦。

用玻璃杜而瓶裝液氦，可以很容易看到 2.17 K 相變，將 4.2 K 液氦表面蒸汽用真空泵慢慢抽走，液氦就會因蒸發而冷卻（見圖一液氣共存線），在正常液體相時因熱傳導率（thermal conductivity）有限，液體內部和表面有溫度梯度，蒸發時會看到液體沸騰。但當溫度降到 2.17 K 時，液氦相變為「超流相」，熱傳導率變成無限大，液體內部和表面沒有溫度差，透過玻璃可以很清楚看到沸騰消失，非常有趣。

液氦因質量輕，交互作用弱，基態動能（零點能量）大，在1大氣壓時即使冷到絕對溫度零度（0 K）也不會結晶成固體，必需加壓到 34 大氣壓才會結晶為固態。其固體有多種不同的晶體結構，這些固態氦因零點能量仍大，稱為量子固體（quantum solid）。

氦氣的用途

氦-4 氣體（4He gas）質量輕，密度為 0.1786 克／公升（0°C，1

大氣壓），且為惰性氣體，雖比氫氣重但接觸空氣不會爆炸，可用於填充氣球及氦氣船（airship），不會發生 1937 年德國興登堡號（Hindenburg）氫氣船爆炸之危險。反觀目前國內仍有業者使用氫氣來填充氣球，這是不安全的。事實上，氣球填充只是氦氣應用之極小部份，氦氣在醫療或工業上均極有價值，氣球填充則通常使用回收之不純氦氣。

在醫療方面，主要利用液氦來冷卻醫療磁振造影儀（magnetic resonance imaging scanner , MRI scanner）之超導磁鐵（superconducting magnet）（圖三）。磁振造影儀之主靜磁場約為 0.2～7 特斯拉（T, 1 特斯拉 = 10^4 高斯），最常見的是 1.5 T 及 3 T 超導磁鐵，此高磁場需用鈮－鈦（Nb-Ti）合金線製作超導磁鐵，超導轉變溫度為 10K，需用液氦或冷氦氣冷卻，在 4.2 K 左右運作。醫療用之磁振造影儀極為昂貴，一部高場（3T）臨床磁振造影儀造價約為新臺幣一億左右，但臺灣幾乎每家中大型醫院均有醫療磁振造影儀，主要磁振造影儀製造廠商有飛利浦（荷蘭）、奇異（GE，美國）、西門子（Simens，德國）、東芝（Toshiba，日本）

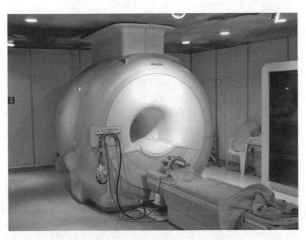

圖三：液氦冷卻超導磁鐵高場醫療磁振造影儀（MRI scanner）。此為台灣常用之「Philips Achieva 3T MRI scanner」，通常液氦可維持半年以上不需重灌。

等，所需液氦全由美國海運進口。在低溫應用上，包括醫療及科學研究，約占氦氣使用量的 24%。

科學研究方面，我國第一部氦液化機（Linde helium liquefier, 德製），由國科會物理中心（現物理研究推動中心）於 1967 年購置，裝於清華大學物理系舊物理二館，然而當初筆者於 1981 年到清華服務時，已經因年久失修而報廢，筆者與同事楊毓東教授曾多次嘗試維修未果。因此在 1984 年時向國科會申請，購置了國內第二部氦液化機（圖四）。現國內已有多部氦液化機，上百部核磁共振儀（NMR），數百部研究用超導磁鐵及低溫研究設備，以及國家同步輻射研究中心（NSRRC）之 1.5 G 電子伏特（G =10^9）臺灣光源（Taiwan Light Source, TLS）同步輻射加速器之超導高頻共振腔和超導插件磁鐵，及預計 2013 完工之 3G 電子伏特臺灣光子源（Taiwan Photon Source, TPS）同步輻射加速器之超導配件部份，皆需用到氦氣及液氦。現在清華大學物理系氦液化機工場（圖五）每生產一公升液氦，光是氦氣成本就達新臺幣四百元左右，但全物理館有氦氣

圖四：清華大學物理系氦液化機工場，技術員為廖炤達（左）及謝俊郎（右）。此氦液化機（美製 Koch model 1410 helium liquefier）為我國第二部氦液化機，由國科會自然處於 1984 年購置，屬貴重儀器中心，多虧廖技術員保養，自購買二十七年後仍在操作生產液氦。

回收系統（含氦氣回收管、回收袋、回收壓縮機、回收鋼応"及氦氣純化器）（圖四），氦氣回收率約 90%。未來高溫超導磁鐵（high temperature superconducting magnet）技術成熟後，磁鐵冷卻將不需使用液氦，可改用氦氣封閉循環致冷機（helium gas closed cycle refrigerator）。

工業應用方面則是利用氦氣之惰性氣體特性，使用於半導體製程之沖洗氣體（purge gas）（使用量約占 20%）、焊接製程防止與空氣反應汙染之保護氣體（shielding gas）（使用量約占 15%）等。我國科學園區及工業界，過去大多使用液氮（liquid nitrogen, LN$_2$）轉換成純氮氣（99.7%），當沖洗及保護氣體。現因半導體製程越做越

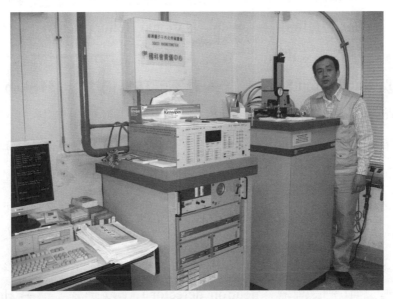

圖五：清華大學物理系液氦冷卻超導量子干涉元件磁量儀（SQUID magnetometer），內有 10 T 超導磁鐵及超導量子干涉元件（SQUID），技術員為鄭武漢，1988 年購置，屬貴重儀器中心，已提供服務 23 年。圖左側之粗管為氦氣回收管，能將氦氣送到地下室之回收系統。

小，半導體奈米元件有嚴格良率要求，皆改用大量極純氦氣（ultra-pure He gas, 99.997%）沖洗及保護。

氦氣在固體中之擴散速率比空氣高三倍，因此被用來做高真空設備及高壓容器之工業測漏（leak detection）氣體（使用量約占6%）。此外農業高氦控制氣體（controlled atmospheres）（使用量約占 16%），及深海潛水用呼吸氧／氦混合氣體（breathing mixtures）（使用量約占 3%），等皆需使用氦氣。

氦氣供應與需求

全球每年氦氣產量約 2 億立方公尺（$2 \times 10^8 \, m^3$），主要供應國家是美國，供應量占世界 78%，但美國國會於 1996 年因政府聯邦氦氣儲備庫（Federal Helium Reserve 或 National Helium Reserve）歷年收購約 10 億立方公尺（$10^9 \, m^3$）氦氣儲存於德州 Amarillo 地下天然儲存庫，造成 14 億美金財政赤字，通過氦氣私營化法案（Helium Privatization Act），要求內政部於 2005 年前將聯邦氦氣儲備售出，聯邦氦氣儲備量在 1991～2008 年十七年間已大輻降低 41%。2015 年以後，氦氣來源將掌控在其它天然氣生產國如阿爾及利亞、俄羅斯、波蘭、卡達等國，但也只能撐四十年。氦氣和地球其它資源一樣將日益衰竭，氦氣價格將會節節高漲，我國要嚴肅考量回收循環使用。

氦-3 氣體除科學研究外，主要用於與國家安全與防止核子武器擴散所需之中子偵測器（neutron detector）（反應式：n ＋^{3}He → ^{3}H ＋ p）、醫學診療、及工業界應用。氦-3 氣體主要供應國家亦是美

國，但美國能源部因美俄削減核武條約後，氦-3 來源變少，生產量遠趕不上需求量，開始管制氦-3 氣體之銷售，全世界氦- 3 來源已成問題，亦需要謹慎防漏回收使用。氦-3 是核融合反應爐（nuclear fusion reactor）能源之無輻射汙染第二代融合燃料（second generation fusion fuel）（反應式：^{3}He ＋^{2}H → ^{4}He ＋ p ＋ 18.35 MeV）。地球含量極少，月球因無大氣層，表面岩層受太陽風十億年來纍積，氦-3 含量較多，但仍極少，10 萬公噸岩層只含 1 公斤氦-3。月球開採氦-3 之科幻構想，未來有可能成真。大陸中國科學院合肥等離子體物理（電漿物理）研究所之「東方」控制核聚變反應堆（核融合反應爐）超導托卡瑪克（superconducting Tokamark）及 2003 年啟動之「嫦娥」衛星探月工程計劃，皆應是為此作準備。世界主要先進及新興國家如美、俄、日、歐洲各國、及印度亦在進行類似先導性研究。

後記及致謝：筆者準備此篇文章時，除使用個人於清大授課之「熱物理」（Thermal Physics）上課講義外，亦透過 Google 搜尋引擎大量參閱維基百科（Wikipedia）資料，在此致謝。

氦原子

氦氣（helium gas）由氦原子（He）組成，是惰性原子氣體。氦元素原子序為 2，最穩定之同位素為「氦-4」原子（^{4}He），原子核由 2 個質子（proton，簡寫 p，帶正電＋ e，核子自旋角動量數 I ＝ 1/2）及 2 個中子（neutron，簡寫 n，不帶電，I ＝ 1/2）組成，原

子有 2 個電子（簡寫 e，帶負電 -e，電子自旋角動量數 S = 1/2），基態時在 1s 軌道，電子組態為 $1s^2$，原子量為 4.0026 克／莫耳（g/mol）。由於氦原子極輕，其原子在大氣層中重力位能低，而氦氣在大氣粒子濃度極低，氣體體積只占大氣總體積百萬分之五（0.00052%）。

氦元素另一穩定同位素為氦-3 原子（^3He），原子核由 2 質子及 1 中子組成，原子量為 3.016 克／莫耳。在自然界極少，只占氦氣之 0.00014%，1934 年時已預測應存在，但直到 1939 年在迴旋加速器（cyclotron accelerator）實驗中才被發現。氦- 3 主要來源為人工製造（尤其是製造氫彈核子武器或限武拆卸），用中子撞擊鋰（Li）、硼（B）、或氮（N）靶會產生氚（^3H，原子核有 1 質子及 2 中子），氦-3 是氚放射性 α 衰變（beta-decay）之副產品，氚會衰變成氦-3，β 粒子（電子），以及電子反微中子（electron anti-neutrino）（$^3H \rightarrow {}^3He + e + \underline{v}e$）。

（2011 年 4 月號）

參考資料

1. Helium, Wikipedia: http://en.wikipedia.org/wiki/Helium.
2. Helium-3, Wikipedia: http://en.wikipedia.org/wiki/Helium-3.
3. Isotopes of helium, Wikipedia: http://en.wikipedia.org/wiki/Isotopes_of_helium.
4. National Helium Reserve, Wikipedia: http://en.wikipedia.org/wiki/National_Helium_Reserve.
5. Superfluid, Wikipedia: http://en.wikipedia.org/wiki/Superfluid.
6. 古煥球，《熱物理》（Thermal Physics），2010～2011 國立清華大學物理系上課講義。

工業的維他命——稀土金屬

◎—陳登銘

任教交通大學應用化學系

全球供給量 97%來自中國大陸的稀土金屬，廣泛應用於現代化高科技與綠能產品。舉凡國防、光電雷射、冶金以及玻璃陶瓷等，皆與之關係密切。

稀土金屬所衍生的材料向來與全球高科技產業的發展息息相關，由於其用途相當廣泛，舉凡光電、永磁體、催化、超導、綠能與陶瓷等領域之應用，因此稀土材料常被稱為「工業的維他命」、「新材料之母」或「二十一世紀黃金」等，稀土工業亦號稱為「朝陽工業」。

中國大陸從 2006 年開始對稀土實施出口管制，執行開採總量控制的政策，除造成稀土價格一路攀升外，還造成缺貨嚴重、一物難求。稀土材料戰略意義明顯，在錯綜複雜的國際政治角力中，稀土更成為國際產業競合的熱門議題。歐美日等國家近期為反制大陸嚴

控稀土出口的政策，2010 年已向世貿組織（WTO）提出申訴，指控大陸限制出口政策有利國內廠商，不利國外競爭對手，一場無可避免的稀土資源大戰早已悄悄展開……

稀土金屬的特性、分布與稀有性

稀土元素是鑭系元素群的總稱，包含鈧（Sc）、釔（Y）及鑭系系列中的鑭（La）、鈰（Ce）、錯（Pr）、釹（Nd）、鉅（Pm，放射性元素）、釤（Sm）、銪（Eu）（上述原子序數較小者稱之為「輕稀土元素」）、釓（Gd）、鋱（Tb）、鏑（Dy）、鈥（Ho）、鉺（Er）、銩（Tm）、鐿（Yb）、鎦（Lu）（上述原子序較大者又稱「重稀土元素」），共十七個元素。稀土元素在地殼中的總蘊藏量並不稀少，但卻以極稀比例分散於地殼表層土壤中（圖一）。稀土元素在地殼中的含量僅為 0.0153%，與鋅、錫、鈷等常見金屬相近，其中鈰在地殼中最多（約 0.0046%）。其次是釔、釹、鑭等，大多稀土富集量約在 1%以下，而全球蘊藏量最富集

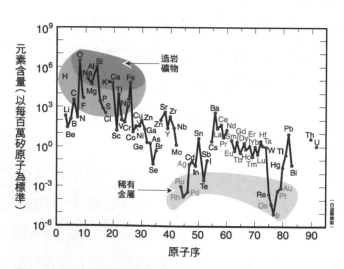

圖一：地殼中主要元素之含量。

的也只有 4～9%，因此稀土礦的開採加工成本極高、獲取高純度稀土元素分離相當困難，除非其產品價格高昂，否則不符經濟效益。

　　有趣的是關於稀土是否真正「稀少」，一直是頗具爭議的話題，當稀土元素被發現時，許多人認為其在地殼中分布應該稀少。實際不然，例如：鈰是地殼中第二十五豐富元素，較鉛含量還多；而稀土中最少的在地殼中含量比金高出200倍，據稱這些事實促使國際純粹與應用化學聯合會（IUPAC）正考慮廢棄「稀土金屬」用詞（圖二）。

　　稀土元素的電子組態由不含 f 電子的鈧（$3d^14s^2$）、釔（$4d^15s^2$）與鑭（$5d^16s^2$）開始，自鈰（$4f^15d^16s^2$）開始至（$4f^{14}5d^16s^2$）等十四個元素為止，電子逐一填入內殼層 4f 軌域。我們可以清楚了解為何稀土離子常見的氧化態為 3+或 2+，其成因主要乃為外殼層 6s 與 5d 電子容易被游離所致。

　　稀土元素的物理性質（如：熔點、沸點與昇華熱）變化有一定規律，但因銪與鐿原子體積與原子序之相關性不大，故兩者呈現異常。稀土金屬因易被氧化故其外表通常呈現暗灰色；

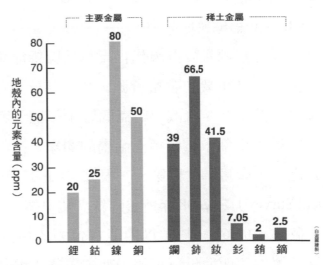

圖二：常見金屬與主要稀土在地殼中含量之比較。

釤、銪、釓的熱中子吸收截面，比廣泛用於核反應爐控制材料的鎘、硼還大；稀土金屬具可塑性，以釤和鐿為最好。同時，其磁性與發光光譜特性十分豐富而複雜，相關的磁性材料與光電產業規模與產值不小，因此是大量產學研究聚焦的目標。

此外，稀土為典型的金屬元素，其原子半徑大，易失去外殼層 6s 與 5d 中的電子，因此其化學活性在週期表中僅次於鹼與鹼土金屬，故稀土也是強還原劑。一般而言，隨原子序增加，稀土金屬化學活性漸趨穩定，例如：鑭、鈰於空氣中易氧化，而釹、釤則作用比較和緩；同時，稀土金屬的鹼性一般也隨原子序增加而減弱。值得注意的是，稀土金屬能與個別的金屬元素形成許多氧化物、鹵化物、硫化物、氮化物、碳化物、硼化物與矽化物。由於稀土金屬能夠溶解於除了氫氟酸與磷酸之外的大部分無機酸，因此稀土通常以磷酸鹽類的獨居石（Ce, La, Th）PO_4 與氟化物的氟碳鈰礦（Ce, La）（CO_3）F 蘊藏於地殼中。

稀土資源是製作現代化高科技與綠能產品不可或缺的原料，也早被公認為重要的戰略資源，其主要分布在中國、美國、獨立國協聯盟（俄羅斯、白俄、烏克蘭等十一國）等少數國家，而中國是唯一能供應全部十七種稀土金屬的國家，占稀土資源全球總儲量約三分之一，產量為世界第一。根據美國國家地質調查局（U.S. Geological Survey）在 2008 年所公佈統計資料顯示，全球稀土礦蘊藏量中國大陸占 30.86%，其中以內蒙古包頭的白雲鄂博區蘊藏輕稀土礦、鐵、鈮與江西贛州蘊藏離子型中重稀土礦為主要產地，前者被公認

為全球最大的稀土礦區；其餘如廣東、廣西、江西、山東、湖南等地均有蘊藏。此外，稀土資源在全世界其他地區蘊藏分布為獨立國協聯盟（21.67%）、美國（14.88%）、澳洲（5.99%）、印度（1.30%）、巴西（0.10%）、馬來西亞（0.03%）及其他地區（25.17%）（圖三）。

　　一般公認全球稀土資源總儲量為 9900 萬公噸，分布於世界主要稀土蘊藏國家中，根據中國稀土學會調查，大陸已探明的稀土資源儲量為 5,200 公噸，占全世界稀土儲量的 50% 以上。值得關注的稀土儲量在 100 萬公噸以上大型礦床計有：大陸的內蒙白雲鄂博鐵、鈮、稀土礦床，四川冕寧單一氟碳鈰礦礦床，江西贛州龍南地區開採到含有大量釤、釓、鋱和鏑等中重稀土且品質精良的「高釔型離子吸附礦」。澳洲韋爾德山碳酸岩風化殼稀土礦床、澳洲東、西海

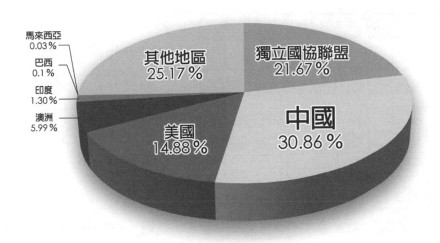

圖三：全球稀土資源主要蘊藏分布之比較。

岸的獨居石礦床。全球第三大稀土國美國,其加州派斯山(Mountain Pass)蘊藏世界最大單一碳酸岩氟碳鈰礦。巴西阿臘夏與全球第二大稀土國俄羅斯托姆托爾碳酸岩風化殼稀土礦以及越南茂塞碳酸岩稀土礦等構成世界稀土資源的主體。

稀土的應用與重要性

由於稀土元素具有獨特的電子結構,因此已被大量應用於雷射光電與光纖、照明螢光粉、冶金、永磁體與磁致冷、油電汽車馬達、催化、玻璃釉料與陶瓷、綠能與儲氫、超導體,以及國防導彈制導系統等(參閱表一與圖四)。值得一提的是稀土原料中鏑和銪兩種重稀土(全球 99%產自中國廣東北部與江西),因可分別應用於電機磁鐵減重(可達90%)及三基色節能燈(可省80%),因此需求最為殷切。

據統計中國大陸供應全世界 97%以上的稀土資源,亦即約 12.4 萬公噸,由於中國自身需求的增加,其出口占總產量的比率已經從 75% 下降到 25%。如:釹、鏑、銪、釔等元素,預計在 2012 至 2014 年間,

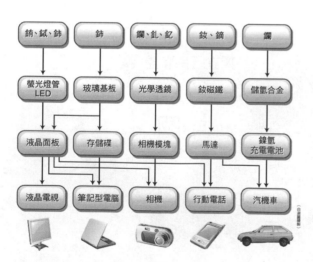

圖四:稀土原料與相關產業供應鏈示例。

原子序	稀土元素	主要應用
21	鈧 Scandium（Sc）	特種玻璃、輕質耐高溫合金
39	釔 Yttrium（Y）	特種玻璃、合金
57	鑭 Lanthanum（La）	混合動力車電池的主原料
58	鈰 Cerium（Ce）	柴油引擎的觸媒轉化器、LED 螢光粉
59	釹 Neodymium（Nd）	高效磁石和硬碟驅動器的主成分
60	鐠 Praseodymium（Pr）	製造飛機引擎的合金、永磁體
62	釤 Samarium（Sm）	雷射和核反應爐安全、永磁體
63	銪 Europium（Eu）	白光 LED 螢光粉、雷射
64	釓 Gadolinium（Gd）	核反應爐屏蔽、光碟
65	鋱 Terbium（Tb）	燈用螢光粉
66	鏑 Dysprosium（Dy）	改善混合動力車的效能
67	鈥 Holmiun（Ho）	核子反應爐控制桿
68	鉺 Erbium（Er）	光纖
69	銩 Thulium（Tm）	雷射、可攜式 X 光檢查儀
70	鐿 Ytterbium（Yb）	地震監測儀
71	鎦 Lutetium（Lu）	煉油

中國將全部用於國內。

　　以下僅就稀土金屬材料在國防、光電與雷射、冶金、永磁與超導、玻璃陶瓷、節能與綠色科技及石化工業之應用作一簡介：

一、國防武器系統應用

　　稀土金屬為許多重大武器系統的關鍵材料與戰略資源，美國的武器通信系統、雷達、航空電子、夜視儀、戰鬥機發動機、導彈制導、電磁對抗、水雷探測、導彈反制系統等均廣泛使用稀土合金。最近由於大陸實施稀土資源出口管制政策，而美國武器系統所使用

大量稀土金屬來自中國，造成美國國會嚴重關切，就是基於「沒有稀土，就無法製造出各種高科技武器裝備」的認知。

二、雷射與光電材料應用

　　稀土氟化物玻璃的折射率介於1.3～1.6之間且色散最小，可隨玻璃化學組成進行微調，故適合作為光纖材料，而釹、鉺、鉺、鏑、鈥、鉺、鐿等離子亦常被摻入光纖之中；固體雷射材料使用高純氧化釹製作釔鋁石榴石和釹玻璃，稀土六硼化物可用於製作發射電子束的陰極材料。含有釔、鑭、鉺、鉺與鈰等稀土金屬螢光材料被大量使用於照明光源、投影電視螢光粉、增感屏螢光粉、三基色螢光粉、複印燈粉等。在節能環保的議題催生下，已有許多國家開始要求限用傳統燈泡而改用節能白光發光二極體（LED），近年來半導體照明的快速發展，白光 LED 成為下一世紀節能又環保的照明光源（圖五），大量摻雜鉺與鈰稀土離子的鋁酸鹽、矽酸鹽、氮氧化物與氮化物螢光粉再度被使用於白光 LED 照明光源之封裝。

圖五：摻雜鈰離子之石榴石黃光螢光粉與白光發光二極體。

三、冶金工業的應用

　　煉鋼過程加入稀土金屬、稀土氟化物或稀土矽化物，能達成鋼精煉、脫硫

與消除低熔點有害雜質之作用，改善鋼材加工性能；稀土矽鐵合金、稀土矽鎂合金被用於生產稀土球墨鑄鐵；添加鎂、鋁、銅、鋅、鎳的稀土合金，能提高合金室溫及高溫機械性質。

四、永磁與超導材料的應用

稀土釹鐵硼（$Nd_2Fe_{14}B$）與釤鈷（$SmCo_5/Sm_2Co_{17}$）永磁材料，具有高殘磁、高矯頑磁力和高磁能積，大量被使用於電子及航太工業。純稀土氧化物和三氧化二鐵所合成的石榴石型鐵氧體（Yttrium Iron Garnet）單晶及多晶，可用於微波與電子工業。稀土為高溫超導體最重要的組成元素，例如：$(La,Sr)_2CuO_4$ 與 $RBa_2Cu_3O_7$（R 為稀土元素）。超導體在強電與強磁領域早有廣泛的應用，例如：超導電纜、超導磁鐵與超導量子干涉儀（SQUID）都是日常生活中重要應用。

五、玻璃陶瓷的應用

稀土氧化物或經過加工處理的稀土精礦，可作為拋光粉，廣泛應用於光學玻璃、眼鏡片、顯像管、示波管、平板玻璃、塑膠及金屬食具的拋光。在熔製玻璃過程中，CeO_2 可有效降低玻璃中之鐵含量以除去綠色；於玻璃中添加稀土氧化物，可製備光學玻璃和能通過紅外線、吸收紫外線的特種玻璃及防 X 光的玻璃等；而將稀土添加於陶釉和瓷釉中，可使釉料著色產生光澤，並提升釉抗碎裂性，被廣泛用於陶瓷工業。

六、節能與綠色科技應用

全球知名的日本豐田汽電混合動力車，每一具電動馬達就需要 1.2 公斤的釹，每個電池則需要 10～15 公斤的鑭。而每輛電動車約需用到 1.5 公斤磁性材料當中就包括鐠、釹、鋱、鏑等稀土金屬，該車廠每年要消耗 7,500 公噸鑭和 1,000 公噸釹。此外，風力渦輪機和汽電混合動力車電池也使用稀土金屬。鑭鎳合金（$LaNi_5$）能吸收大量氫氣形成 $LaNi_5H_6$，為 1970 年代所發展的貯氫材料。

七、石化工業的應用

在石油催化裂解過程中，稀土金屬所製成的分子篩催化劑，具有高活性、高選擇性、抗重金屬中毒能力等特點，因而逐漸取代了傳統矽酸鋁催化劑。例如，在合成順丁橡膠和異戊橡膠製程中，環烷酸稀土三異丁基鋁為主要催化劑。此外，複合稀土氧化物，尚可作為內燃機尾氣淨化催化劑。由上述的介紹，吾人可以了解稀土金屬對高科技之發展影響深遠，無怪乎稀土資源被稱之為「新材料之母」或「二十一世紀黃金」，稀土工業亦號稱為「朝陽工業」。

中國實施稀土金屬管制對全球之影響

根據統計，全球稀土礦市場供給量 97% 來自中國大陸，成為全球稀土最大供應國，其餘供給來自印度約 2.2%，而來自巴西與馬來西亞則不到 1%。據估計，若全世界對有限資源不加節制，則在 2015

年之前，全球對稀土金屬的需求量將達 18 萬公噸，屆時將無法因應全球需求，稀土金屬供需將發生嚴重的缺口。目前全球稀土資源最大的消耗進口國，依次為日本（2009 年 3.8 萬公噸）、美國（2 萬公噸）、俄羅斯、南韓、西歐等國家，其中日本也是世界上應用稀土實現附加價值最高的國家，用於高新技術領域的稀土占到其總用量的 90%以上，主要使用於永磁與拋光材料等應用。

多年來，由於中國大陸對稀土礦開採與銷售缺乏妥善而長遠的規劃，導致民間競相開採與外銷，不僅售價不漲反跌，同時造成嚴重的環境汙染，且大量出口將快速耗竭稀土金屬礦產，危及國家的永續發展。以 2010 年為例，中國大陸稀土礦（稀土氧化物）開採總量控制指標為 8 萬 9,200 公噸；其中，輕稀土 7 萬 7,000 公噸，中、重稀土 1 萬 2,200 公噸。為保護稀土資源免於枯竭與有識者的警覺，大陸自 1998 年開始實施稀土出口配額制度，2006 年又實施限量開採，並逐年縮減出口配額，2010 年因為中日臺釣魚臺主權問題爭議，大陸對日稀土的輸出更加緊縮，此舉更引起各國譁然，因為中國一旦停止稀土出口，全球的稀土流通將陷入停滯。大陸目前政策傾向限制出口，不讓稀土流出國外，以確保稀土供應自身所需，並藉此吸引外國公司進入大陸投資設廠，在大陸境內創造數百萬個工作機會。

中國大陸以資源維護及環保為由限制稀土開採及出口之政策引起全世界工業國譁然，歐美日等工業先進國家雖已向世貿組織（WTO）提出控訴，但效果有限；未來歐美日等國極可能以瓦聖納

協定（Wassenaar Arrangement）為由，持續對大陸輸出高科技的管制為反制手段，藉以爭取談判的籌碼。依目前情勢評估，一場全球對稀土資源爭奪戰已無可避免。

我國產業現況、應有對策與展望

目前國內大量使用稀土的產業主要為磁性材料、釉料陶瓷與光電照明與顯示等產業，例如：秀波電子與秀越實業分別生產鐵氧磁體與稀土永磁材料；東元電機與中國江西力德風電合作取得關鍵稀土原料與組件；至於被動元件與光學組件等產業所需稀土材料，則由業者自日本進口專利材料配方，將來一旦日本無法取得充足稀土原料，相信本地產業營運亦必受影響。

國內對稀土原料的需求有限，不若高度倚賴稀土資源的歐美日先進國家，因此與稀土資源相關的產業或學術研究並未獲得政府與產學界應有的重視。特別值得一提的是，迄今經濟部對高度倚賴稀土原料需求的產業並無長遠規劃，更遑論具有前瞻性的稀土資源掌握與產業政策。由於大陸實施稀土出口配額制，專注於高科技的日本和我們產業競爭對手的韓國都將採行稀土戰備儲備，而我們呢？另一方面，無論就全國各大學或中研院與工研院等大型研究機構，稀土相關的基礎與應用學術研究，也缺乏前瞻的整合規劃，這些議題都值得相關當局謹慎以對。

國內目前每年約進口稀土 3,000 公噸，數量有限，但目前所大力發展之電動車、白光發光二極體照明等產業，未來需要的稀土原料

勢必大增，政府實應未雨綢繆及早確保稀土充足供應；另一方面，也有必要仿效國外對高純度的稀土原料進行有計劃的儲備。此外，發展取代稀土的替代材料或回收稀土資源亦為珍惜稀土資源重要作法（如：日本愛媛大學開發不含稀土的發光材料、不使用鏑的高性能磁石製造技術、由釹鐵磁石中回收稀土元素），其路途雖然遙遠艱辛但確實勢在必行，也值得國內產學界面對稀土資源如何有效利用時慎思。

（2011 年 4 月號）

參考資料

1. 中文百科在線：〈稀土金屬〉http://www.zwbk.org/zh-tw/Lemma_Show/96455.aspx
2. 中國重慶地球科學普及網：〈原創：世界稀土資源及其開發利用〉 http://174.120.145.163:82/gate/big5/www.sinovision.net/blog/kingkuohu/details/56531.html
3. 薛乃綺，《稀土金屬掌握未來綠色技術關鍵》，經濟部 ITIS 產業評析，2009 年。
4. 吳美慧、孫蓉萍、葉揚甲，〈稀土戰爭，下一場全球經濟危機〉，《今周刊》第 725 期，2010 年。
5. 經濟日報社論，〈稀土貿易戰的國際角力和啟示〉，2010 年。
6. 歐陽善玲，〈從社子島起家的兩岸稀土材料大廠〉，《今周刊》第 725 期，2010 年。

蘊藏巨大能量的元素——鈾

◎—柯廣裕

任職臺電燃料處

鈾燃料體積小而發電量大，易於運輸與儲藏，因此被視為供電之選擇，卻也牽扯出近年鈾價上漲，以及複雜的環保、政治議題。

鈾在地球上形成各式各樣的化合物，為許多礦物的構成元素之一，已知的含鈾礦物即超過一百五十種。鈾存在於礦石、土壤以及水中，可藉開採含鈾礦物而提煉獲得。自然界的鈾礦主要含有兩種鈾的同位素，即「鈾-235」（U^{235}，比例約占 0.7%）與「鈾-238」（U^{238}，比例約占 99.3%），其中鈾-235 才能產生分裂反應，而鈾-238 並不能產生分裂反應。核能發電所使用的鈾-235 純度約占 3～5%，其餘 95～97%的部分一般皆為無法產生核分裂的鈾-238。

因原料鈾含有的鈾-235 濃度只占 0.7%（其餘為鈾- 238），不能直接製成核能電廠發電使用的核燃料，因此必須給予濃縮，提高

鈾-235 的濃度，才能進一步製成核燃料使用。鈾礦在經過採礦、提煉及化學處理後所製成的原料鈾具黃色外觀，俗稱「黃餅」（yellow cake）。全世界主要蘊藏鈾礦的國家為澳洲、哈薩克、加拿大，以及南非。而世界上原料鈾的主要生

圖一：鈾礦。鈾礦為鈾之化合物，常以塊狀產出，是提取鈾的主要原料。

產國家為加拿大、澳洲、哈薩克、俄羅斯，以及非洲的尼日（Niger）等。

鈾燃料與核能發電

所謂的核能發電，其原理為利用反應器中的核燃料，當其原子核分裂時所產生的能量將反應器中的水加熱，直接產生蒸汽（沸水式反應器，如核一、二廠），或產生高溫高壓的水，經由熱交換產生蒸汽（壓水式反應器，如核三廠），然後再藉著蒸汽的力量推動氣機，進而轉動發電機而產生電。

鈾是核能發電所需的燃料，它的蘊藏量可滿足能源需求至二十一世紀的中期。目前核燃料的來源穩定，臺灣本身自產能源不足，新能源亦尚未發展成熟，因而須以能源多元化政策以分散風險，適度發展核能確實能減低能源危機所帶來的衝擊，並且也可減少二氧化碳與溫室氣體的排放。由於高價能源時代的到來，各種燃料價格

圖二：原料鈾，又稱黃餅。

高漲，再加上環保意識與溫室效應之考量等，未來各種電源之開發，如無其他新興替代能源之開發，因此核能發電被視為是無可取代之選擇，否則對於環境與經濟層面等皆將造成巨大之衝擊。

鈾燃料體積小，發電量大；舉例來說，一顆香煙濾嘴大的鈾燃料便可以提供一家三口一年來所需的電力。因此，核能發電廠每年所需填換的鈾燃料數量非常有限，例如核四廠每年需要的鈾燃料約 81 公噸，且運輸便捷、儲存方便。如果以煤替代，則須進口煤約570萬公噸；若是油替代，則約需380萬公噸，以天然氣替代約271萬公噸，不僅運儲費事，且在世局動盪下，更難確保供應穩定。相較之下，核反應所放出的熱量較燃燒化石燃料所放出的能量要高很多，足足相差約百萬倍，所需要的燃料體積比火力電廠少了相當多。

核燃料循環簡介

核燃料不同於傳統化石燃料之處，在於原料鈾不能直接置入原子爐使用，而是需要經過多重前置加工的程序，再經製造成為製成

核燃料（fabricated nuclear fuel assembly）才能使用。蘊藏於地底下之鈾礦，經開採、碾磨、萃取精鍊成原料鈾，其化學成分為八氧化三鈾（U_3O_8），係黃色粉末固體，即黃餅。我國目前運轉中之核能電廠均屬輕水式反應器，採用輕水（light water）作為冷卻劑及緩和劑。其所使用之核燃料，鈾-235 須經濃縮程序提高含量到 2～5%之間，才能維持長期臨界運轉，因此原料鈾須經過轉化、濃縮，最後製造成燃料元件（fuel assembly）等多重加工服務，才能置放於反應器內使用。

　　依目前核能工業所採用之濃縮技術，原料鈾在濃縮前，須先運至轉化工廠，以化學方法轉化成六氟化鈾（UF_6）。此項鈾轉化為濃縮前之先期程序，因為六氟化鈾於大氣壓下 56.4℃昇華成為氣體才可進行濃縮；轉化後的六氟化鈾（或稱轉化鈾），運送到濃縮廠，將其中所含鈾-235 的含量提升到與核心設計所需求的濃縮度；濃縮後之六氟化鈾（或稱濃縮鈾）隨即運到燃料元件製造廠進行一連串之製造程序，將含一定鈾-235 濃縮度的濃縮鈾氣體轉化成固態的二氧化鈾（UO_2）粉末，再壓成小圓柱體之燃料丸，將之裝入特製之燃料鋯合金（Zirconiumalloy）護套管內，充氦氣加蓋後，即成一根燃料棒，再由一定數目的燃料棒組成燃料元件，此即所謂的製成核燃料。一般而言，此種從鈾礦開採到放入核能電廠爐心運轉的營運循環過程，稱為「核燃料循環前端營運」；至於在核能電廠爐心所使用過的核燃料之再處理，以及最終處置則稱為「核燃料循環後端營運」（圖三）。

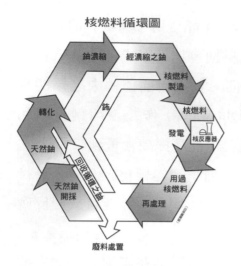

核燃料循環圖

鈾濃縮 — 經濃縮之鈾 — 核燃料製造 — 核燃料

轉化 — 鈽 — 發電 — 核反應器

天然鈾 — 回收備運之鈾

天然鈾開採 — 用過核燃料 — 再處理

廢料處置

圖三：核燃料循環（nuclear fuel cycle），意指核燃料在使用過程中所經過的一系列不同階段。主要包括製造、使用，以及對廢棄物進行處理的各個程序。

圖四：筒裝黃餅上車準備外運。

地球上的鈾含量

據估計，地殼之平均鈾含量濃度約為百萬分之三。事實上，鈾比我們相當熟悉的元素如銀、汞、鉍和鎘這些物質的蘊藏量為多，地殼 19.3 公里深的鈾，總量約為 1,014 公噸，但大部分的礦床只含 0.001%以下的鈾，萃取上顯得不經濟，而適合經濟開採的鈾礦則存在某些特定的地質中（詳見表一）。含 2～5% 鈾的較高級礦，可用標準的冶金步驟（碾磨、萃取、洗滌、浮選和重力分離），將其含量提升，再送至精鍊設施，轉化為氧化物、氟化物或金屬鈾。用化學方法提高鈾濃度的過程中，礦砂通常先用酸或鹼

表一：各種鈾來源之平均鈾含量

來源	平均U_3O_8含量	
	%	Ppm
高品位脈型鈾礦	30～70	
原生鈾礦	0.2～1.0	
次生鈾礦	0.05～0.4	
韋晶鈾礦	0.05～0.1	
美國達科達州褐煤	0.2～0.3	
鈾碳水化物	0.001～0.1	
可提鈾磷酸鹽	0.01～0.02	
一般磷酸鹽	0.005～0.03	
瑞典明礬頁岩	0.02～0.03	
南非金礦	0.025	
美國 Chat tanooga 頁岩	0.006	
海相黑頁岩	0.001～0.001	
含鈾花崗岩		15～100
一般花崗岩		5
地殼		3
鈾礦場廢水		1～15
銅礦浸漬液		1～12
海水		0.002～0.003

（資料彙整：臺電公司）

（碳酸鈉）瀝濾，鈾可由瀝濾液中沈澱出來，但用溶劑萃取或離子交換方法提取鈾效果較佳。

鈾礦蘊藏量劃分

鈾資源之礦藏主要分為四類：合理確認鈾資源（Reasonably Assured Resources,RAR）、推定鈾資源（Inferred Resources,IR）、預知

鈾資源（Prognosticated Resources, PR），以及臆測鈾資源（Speculative Resources, SR）。合理確認鈾資源係指鈾礦存在於已知之礦床，且已被清楚的界定其大小、品位及配置，即鈾礦蘊藏量可以被確定，並且可以使用目前之處理技術進行開採。推定鈾資源係指鈾礦藉由直接之地質證據而被推定其存在，惟對礦床特性的數據不足，而無法將此鈾資源歸類於合理確認鈾資源，因而其信賴度較合理確認鈾資源小。

預知鈾資源則為，藉由地質走向、礦床礦化區域等間接證據判定，而被預期存在之鈾資源，信賴度較推定鈾資源小。臆測鈾資源係利用間接證據推估，然其礦床位置無法確切界定，因而其存在及大小等資訊完全屬於臆測。

根據經濟合作暨開發組織（Organization for Economic Co-operation and Development, OECD）和國際原子能總署（International Atomic Energy Agency, IAEA）每兩年所共同發表之鈾資源、生產及需求報告（Uranium 2009: Resources, Production and Demand），截至 2009 年 1 月 1 日止，全世界較確定鈾資源（Identified Resources），即合理確認鈾資源加上推定鈾資源開發成本（Exploration, Development and Production Cost）小於每磅黃餅 100 美元者，計有 630 萬 6,300 公噸鈾。另外，全世界較不確定鈾資源（Undiscovered Resources），即預知鈾資源加上臆測鈾資源開發成本小於每磅黃餅 100 美元者，計有 680 萬 6,700 公噸鈾。

原料鈾生產量

　　西方世界鈾生產量於 1975～1980 年間，每年平均成長率為 18.3%，至 1981 年達最高峰。其後由於生產容量過剩及預期需求延宕，導致鈾市場持續低迷，使得全世界鈾生產量呈下降趨勢。一直在世界鈾業界具舉足輕重的美國，鈾生產量亦因核能不景氣及生產成本偏高兩項因素而遽減，世界鈾生產中心（Uranium Production Center）逐漸由美國移至哈薩克、加拿大、非洲地區及澳洲等國。2009 年世界原料鈾之主要生產國為哈薩克、加拿大、澳洲、那密比亞、俄羅斯、尼日及烏茲別克（詳見表二）。

原料鈾需求量

　　依據位於英國倫敦的世界核能協會（World Nuclear Association, WNA）統計，2009 年底全世界運轉中之核能裝置容量為 3.72×10^8 瓩（千瓦），WNA 預估未來幾年內核能總裝置容量將持續增加，至 2020 年可達 4.76×10^8 瓩，2030 年將達 6×10^8 瓩。在合理之核能發電成長預測情況下，全世界之原料鈾需求量，WNA 估計將由 2009 年之 6 萬 7,000 公噸鈾，增加至 2020 年之 9 萬 2,000 公噸鈾，2030 年將達 10 萬 6,000 公噸鈾。

供需情勢及價格展望

　　美／俄雙方於 1990 年代初期簽訂協定，拆解 500 公噸核子彈頭

年度	2005	2006	2007	2008	2009
哈薩克	4357	5279	6637	8521	14020
加拿大	11628	9862	9476	9000	10173
澳洲	9516	7593	8611	8430	7982
那密比亞	3147	3067	2879	4366	4626
俄羅斯	3431	3262	34313	3521	3564
尼日	3093	3434	3153	3032	3243
烏茲別克	2300	2260	2320	2338	2429
美國	1039	1672	1654	1430	1453
烏克蘭	800	800	846	800	840
中國大陸	750	750	712	769	750
南非	674	534	539	655	563
其他	984	931	1042	991	1129
總計	41719	39444	41282	43853	50772

（單位：公噸鈾；1 公噸鈾=2,600 磅黃餅）　（資料來源：World Nuclear Association）

（warhead material）內之高濃縮鈾（high enricheduranium, HEU），將其稀釋成低濃縮鈾（low enriched uranium, LEU）後，供核能發電使用，因為這個協定將會釋出相當於1億3,607萬7,000公斤黃餅物料，市場預期這些物料流入市場將嚴重打擊原料鈾市場，各電力公司紛紛以消耗庫存來挹注反應器需求，造成原料鈾市場的價格持續不振。

西方世界鈾礦的開發生產與原料鈾市場價格（uranium market price）息息相關，1996 年鈾價轉弱後，鈾生產商（uranium producer）大都採行減少產量、延後新礦生產計畫或關閉礦場作為因應。全球鈾礦生產中心縮減的結果，使主要鈾礦區集中在高品位（high grade）、低生產成本或採用原地浸濾法（in-situ leaching, ISL）生產方式之鈾礦區，主要分布在加拿大及澳洲地區。原料鈾供應商不斷重整或合併結果，使全球原料鈾供應被少數生產商所掌控。

2003 年 11 月起，因接二連三之供應事故，造成國際原料鈾市場價格的上揚，2005 年 2 月京都議定書生效後，基金公司（hedge fund company）預期原料鈾將會供不應求，原料鈾市場有利可圖，開始進場採購，炒作原料鈾，加上印度、中國及俄羅斯陸續宣佈興建新核能機組，使得原料鈾價格節節上揚。

加拿大開發中之雪茄湖礦區（Cigar Lake Mine）在 2006 年 10 月發生水災，2007 年初，澳洲 ERA（Energy Resources Australia）公司的朗奇礦區（Ranger Mine）也發生水災，原料鈾市場供應更為短缺，原料鈾價格持續上漲，2007 年 6 月原料鈾現貨價格（spot market price）一度到達每磅 138 美元，是至今為止原料鈾最高價格。

2008 年初現貨價格由每磅 89 美元下跌至每磅 57 美元後，2008 年 7 月底再度回升至每磅 64.50 美元而後持平。2008 年 9 月起受金融風暴影響，避險基金為了變現，大量拋售鈾料，於是現貨價格快速走跌，2009 年 4 月現貨價格一度跌至每磅 40 美元，但是 2010 年下半年中國大陸進入市場大量採購鈾料，原料鈾價格又再度上漲，2010 年 11 月底現貨價格升至每磅 60 美元價位，2011 年 2 月底之現貨價格則持續上揚至每磅 69.50 美元。

近來由於原料鈾價格之高漲，乃吸引了許多資金投入原料鈾之探勘、開發、生產行列。然而，原料鈾的探勘生產並非一蹴可幾之

事，整個開發程序至少需十年以上的時間才能完成，因此只有非常少數新的原料鈾公司能夠真正進入生產行列。由於原料鈾供應基本面並未改變，在加拿大、澳洲及哈薩克等礦區進行大規模原料鈾新產或增產之前，未來原料鈾之供應仍將持續吃緊。預期原料鈾價格將持續波動，中長期仍有上漲壓力。原料鈾之生產前置期長，除須投入龐大之人力、物力外，且須面對複雜政治因素，又牽涉到複雜之環保、政治及國際核子保防議題，預期未來原料鈾之生產，仍將為少數幾家大生產商所寡占。

（2011 年 4 月號）

能量水、磁化水的迷思

◎—林秀玉

任教真理大學通識教育學院

市面上有許多關於「能量水」、「磁化水」的產品出現，引出不少「水的科學與偽科學」的相關討論。

　　飲用水的市場上，至少有二十多種宣稱能經由改變水的結構，幫助人維持或恢復健康、年輕和活力的商品。國內有幾則相關新聞，例如「製造出比奈米水分子更小的波動能量水，不但能夠治百病且能抗癌，600 毫升要價 4,500 元，但經檢測發現只是普通的礦泉水」以及「號稱具神奇療效的能量水，一瓶 5 公升要價 250 元……包括能量水胸罩、能量水床，甚至是波動能量水，宣稱有能量水加持，但是經過檢方調查，證實是純水，並沒有業者宣傳內容所提的神奇療效。」筆者讀到這樣的新聞內容，不禁好奇，為什麼有許多消費者願意相信，並且買來飲用呢？

　　先從能量的部分來談。眾所周知的能量形式，有動能、化學能、光能、熱能、電能、位能等，研究能量轉換的科學就是「熱力

學（thermodyna Hermodynamics）」。熱力學第一定律說明能量不能被創造也無法被消滅，但是能量可以被轉移或轉換；熱力學第二定律則指出，能夠自然發生的反應，必須是朝最大亂度與最低能量的方向進行。也就是說，自然界的能量流（energy flow）有方向性，可被轉移或轉換，但不會無中生有。所以從熱力學的觀點檢視「天珠加持水有能量，且能量水胸罩、能量水床、波動能量水，都有能量水具神奇療效」的說法，就科學角度而言是不太可能的；若真有神奇療效，恐怕只是安慰劑效應所致。

人就像一個蓄水庫，水占人體重的 60%以上。不同年齡、不同組織器官的含水比例稍有不同，如兒童的含水比例比老年人高；血液的含水比例（約為 83%）比骨骼（約為 20%）高；但是不論多寡，人體內進行的許多代謝反應都得用到水。所以，「我們每天都要喝水」、「水對人體健康影響相當大」是全民共識。可想而知，高品質的水是多麼的重要。

「能量水」業者宣稱：「透過能量改變水的結構，改變水結晶的現象，可以產生高品質的水」，但事實上目前尚未有科學證據支持。「磁化水」業者宣稱：「其水分子團受磁氣影響，進而改變分子聚合，而成為『小分子團水』，而小分子團水的特性就是『容易進出細胞膜內，能迅速輸送水分與養分，並輕易地把新陳代謝下的老舊廢物排出』」。這樣的說詞，也沒有得到相關科學研究正面的證實。

能量水或磁化水業者所宣稱的效果，大多太過度依賴個人的證

言，欠缺具體明確的科學證據支持。儘管如此，業者卻仍是斬釘截鐵地宣稱：「能量水為極細小的水分子集團，可以有效抗氧化、提升食材的價值，有保鮮作用以及高還原力，水中的含氧量大、具有高界面活性力，助於去除有害分子」。這些說詞明顯傾向於挑選對其本身有利的斷言，但是卻缺乏具體的實驗數據。

有些科學用語，例如界面活性力，其實就是水分子的表面張力特性，只是換一個看起來比較「科學」的說法，就好像是水被稱為「一氧化二氫」一樣，誤導眾人相信它的科學性。此外，像界面活性力、含氧，都是水分子的基本特性，不若業者所宣稱外加「能量」後的「能量水」獨有特性；況且水本身多少能隔絕空氣中氧氣的功效，減緩氧化而達保鮮，彷彿將煮熟的鳥蛋放在水中可以保存較久一樣。業者所謂的「高、大、提升食材價值」，又是什麼意思呢？多高？多大？提升多少？以上所述，偏向使用模糊、誇大表象的陳述，無法驗證論斷，況且相關實驗結果並未得到科學同儕的評議。有鑑於統計數字尚且可能會騙人，更遑論是沒有科學數據的結果了。

某個新聞臺夜間新聞曾報導「喝水能養生？業者實驗證明」，邀請日本的某位能量科學專家做實驗，提到「水分子震動發出聲，純水也有能量」、「喝對水促進

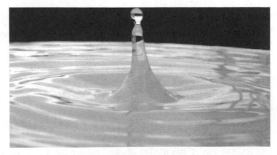

漣漪與水滴。（圖片來源：維基百科）

血液循環抗老化」、「補充好水和攝取營養是同樣重要，喝『好水』有益健康」等，這些表面論述以科學性的語言，訴諸高尚的說法，好讓社會大眾相信其科學性，卻隱含業者以其所謂的權威專家代言，達到從潛意識中、商業訴求中，包裝與宣傳其商品。這種訴求形式，往往讓消費者在尚未進入科學批判思考之前，就不自覺地陷入迷思的洪流，甚或進行無謂的消費。越來越多的案例出現，顯示媒體充斥的當代社會，閱聽者不得不慎重，提防誤信的情況發生。

　　許多科學家會認為能量水、磁化水是無意義的命題。能量水從字面上讓人誤以為，飲用能量水就能獲得「能量」，是不適切的，有引發誤會之虞；假若它的訴求是強調「水質」（例如去除水中的有害分子）健康有關，尚算是合乎情理；但是如果被解釋為喝能量水就能得到「能量」，反而誤導消費者，似乎有廣告誇大之嫌。雖然能量水和磁化水的相關訊息，也許還有某些原屬於科學的成分和因素在其中，但是在科學儀器或發展都還無法解開謎底的當下，當代科學知識尚且無法提出支持證據，就這一點而言，這樣的說法便仍然存在著迷思。

　　這個問題的背後，正反映出臺灣的水資源日漸匱乏（例如近日來石門水庫達低水位，大桃園地區供應用水量，將要打個九折）、水汙染的狀況日益嚴重的現況，家庭飲水品質讓人不敢安心，而「怎樣喝到好水」因而順勢成為全民運動。日前筆者恰巧看到自來水公司有「家庭用水檢測服務」，推薦讀者不妨試著依循自來水公司

提供的程序提出水質檢驗，或許可自我確保自家用水安全無虞〔註〕。當然，在此呼籲大家共同努力愛護臺灣水資源，避免水源汙染，別讓以後的子孫在這塊土地上找不到純淨的飲用水喝才好！

（2009 年 4 月號）

註：臺北市自來水公司提供「可自行將家中的水帶來化驗！」詳細程序可上自來水
　　網站首頁／水知識／水質專區查詢。http://www.twd.gov.tw

永續發展教育與水

◎—劉廣定

人體內約 60% 是水，所以人離不開水。為追求永續發展，我們應該多認識水。

「永續」和「永續發展」是 1950 年代後期，歐美一些人士因察覺工業和農業快速擴展造成對環境、生態、人類健康之禍害，提倡而逐漸形成的重要思潮和具體行動。1992 年聯合國提出「二十一世紀待辦事項」（Agenda 21），界定「永續發展」為人類以兼顧經濟、環境與社會為三基石之發展，以及其發展原則。許多國家隨後紛紛成立「永續發展委員會」或相關的組織，積極推動有關的研究、發展、管制和教育。2002 年底據上述「待辦事項」第 36 項，聯合國決定以 2005～2014 年為「永續發展教育的十年（Decade of Education for Sustainable Development）」，冀藉「教育」普遍灌輸正確「永續發展」的觀念及知識於人心之中，使個別地區

社會的人皆能以公平方式，促成維護生態與發展經濟同步進行，而達成「永續」之目的。

臺灣於 1997 年 8 月也組織了「行政院國家永續發展委員會」，然一般而言，並不積極，也乏具體成效。相關的教育則未受重視。教育部 2008 年新訂《高中課綱》的總綱目標，雖有「深植全球永續發展觀念」一項，但僅「英文」、「應用地理」、「公民與社會」與「生物」少數學科，在「課程目標」或「核心能力」言及「永續發展」。另也只有「基礎化學（2）」與「基礎地科」兩科在《教材綱要》中列有約一節課有關「永續發展」的教材。至於該部所組織的「教育永續發展委員會」只是檢討和規劃「教育永續發展之道」，與國際積極推動的「永續發展教育」，風馬牛不相及。一般人常誤以為「環保」、「節能」即永續發展，而忽視研發精神及教育之必要性，實則聯合國推出「永續發展教育」計畫時早已開宗明義，特別說明「永續發展教育遠超過環境教育」之觀念。可見國內所謂學者專家早已落伍，遑論不學之官員政客！

說來令人汗顏，我們的祖先早有保護資源，追求永續之卓見。如《逸周書》曾載約三千年前周公對武王說：「旦聞禹之禁，春三月山林不登斧，以成草木之長，夏三月川澤不入網罟，以成魚之長。」（〈大聚篇〉）戰國時期孟子也說：「不違農時，穀不可勝食也；數罟不入洿池，魚不可勝食也；斧斤以時入山林，材木不可勝用也。穀與魚不可勝食，材木不可勝用，是使民養生喪死無憾也。養生喪死無憾，王道之始也。」（〈梁惠王・上〉）《呂氏春

秋》前十二篇，自「孟春」至「季冬」每月之農林牧獵都有所規定，成為西漢後期編成的《禮記·月令》之本。如「季春之月……無伐桑柘」，與周初維護自然資源環境的精神，一脈相傳。到了約一千年前北宋大儒張載所言：「為往聖繼絕學，為萬世開太平」，更表示後世讀書人有發揚光大先賢學說，為子孫萬代營建永續樂土的責任。

永續發展教育

　　追求世界永續之挑戰難題有六：人口劇增、糧食供應、能源消耗、氣候變遷，資源枯竭以及環境毒害。都與「科學」，尤其是「化學」息息相關。這六項都是普遍性且具循環關聯性的現象。換言之，只要醫藥衛生、生活水準不斷改善，人類平均壽命必將持續延長。消耗食物將隨之愈來愈多，需要的能源和資源必然增加，對大自然生態與環境之損害也將日益嚴重。另為維持現代生活之便利與安全，不但消耗許多資源與能源，也製出大量廢棄物。例如以化學方法每製造 1 公斤醫藥品，經常附帶產生至少 25 公斤包括廢棄物在內的副產物。如果再加上奢侈、淫欲、迷信與無知等所造成的浪費，則挑戰的難度更大。以教育導正人們的觀念和行為，因此也愈加重要了。

　　上述的聯合國「十年計畫」，揭示「整合教育與各門永續科學」，「強化不同層次、類型永續教育間之配合」及「降低不同地區有關資訊與知識之差異」三個主要方向。[1] 因此，從了解科學或化

學原理以認識「永續發展」是科學教育的當務之急。今（2009）年 3 月 31 日至 4 月 2 日間，國際教科文組織召開「十年期中會議」，並舉辦「水的教育」、「認識氣候變遷」等八個重要課題教育研習會。大部分皆與「科學」相關，而其中許多重要觀念及基本問題則可由「化學」來了解及解答。

　　「化學」是探究變化之學，乃生命科學、奈米技術、高分子科學與新材料科學核心之重要部分，在追求永續發展之過程中也占有很重要的地位。許多難題藉化學得以獲解，諸如再生資源之開發應用，水之利用與汙水處理，保健品、營養食品與觸媒之製造，以及工業製程中之有效品質管制等等俱是。若欲知其然，則須對基本學理有所了解。下文即以和生活關係最密切的「水」，擇幾個例子來說明。

飲水思源

　　無論是中國古代的水、火、木、金、土「五行」，或是古希臘和古印度的水、氣、火、土「四元素」，都有「水」。希臘哲人泰勒斯（Thales, 約 640～546 BC）以「水」為構成宇宙最基本的元素。《管子・水地篇》（645 BC 以前）說：「地者，萬物之本原，諸生之根苑也。水者，地之血氣，如筋脈之通流者也。故曰：水者何

1. UNESCO（2004）, *United Nations Decade of Education for Sustainable Development 2005-2014 . Draft International Implementation Scheme, UNESCO Paris.*

也，萬物之本原也，諸生之宗室也。」，以萬物眾生皆由「水」而生。現代知識告訴我們：地球的表面約 70%為水，水是一切生命組織之基礎。細胞裡平均含有 70～80%水，為生命形成、發育、繁殖和代謝作用必需的物質。成人身體中水的重量約占 60%，一般體重40～80 公斤的人每天至少要攝取約 1～2 公升的水，以維持健康。人幾天不進食，只要喝水，仍可維持生命，但幾天不飲水，則必定一命嗚呼。

為維護健康，飲用的水必須合乎衛生條件，故淨化公共用水處理過程中最重要的步驟是「消毒」，除去細菌及病毒等危險物。一般多用「氯氣」，因氯與水起反應產生有良好消毒作用的次氯酸：

$$Cl_2 + H_2O \rightarrow H^+ + Cl^- + HOCl$$

使用漂白粉（次氯酸鈣與次氯酸鈉）消毒殺菌也有相同效果。

然而，以氯或漂白粉處理時會產生一些對於人體有害的含鹵素有機化合物，如三氯甲烷（水中限值為 0.1 ppm）等。又由於次氯酸並不十分安定，不能長期保存，已處理過的清潔水中還須加入氯氣，保障遠處用水在一段時期後，仍維持含有適量次氯酸以消除滋生的細菌。因此，煮沸飲用水時最好多沸騰些時以除去含氯的物質，且用戶離水處理廠愈近，繼續沸騰的時間也宜稍久。雖目的是為了安全和除去異味，但從永續發展的觀點來看，卻是浪費能源（已煮沸還繼續加熱）與資源（使用過量消毒劑）。依據「永續化學原則」[2]，務加改進。

已知有兩種化學品可以代替氯：一是臭氧（O₃），一是二氧化氯（ClO₂）。乾燥的清潔空氣中之氧分子，在 2 萬伏特高電壓下能分解重組成臭氧：

$$3O_{2\,(g)} \rightarrow 2O_{3\,(g)}$$

用臭氧消毒比用氯更有效，且不會產生三氯甲烷等有害人體之物。但臭氧在水裡的溶解度很低，仍須添加一些氯，以維持長效的消毒效力。二氧化氯沸點 11℃，水溶性比氯大，消毒效力比氯好，也不會產生三氯甲烷等物。製法為：

$$2NaClO_{2\,(s)} + Cl_{2\,(g)} \rightarrow 2ClO_{2\,(g)} + 2NaCl_{(s)}$$

唯二氧化氯是一種強氧化劑，水中不宜含有過量。

另一避免食用水中存有滋生細菌等微生物的方法是：在距淨水廠出水口某一定距離處之輸水管中設一監測器，察覺微生物已滋生到某一程度時，才加入適量消毒劑。則可避免使用過量化學品，也可節省能源消耗。

水的一些特性

水有許多特性，和其化學分子的構造有關。水分子由氫（H）－

---

2. 劉廣定，〈化學的永續發展原則〉，《科學月刊》第 33 卷第 1 期 38-42 頁（2002年）。

氧（O）－氫（H）構成，為 V 字形，夾角 104.5 度，H 與 O 間僅 0.096 奈米（nm）。由於 H 與 O 分在兩邊，故水分子具有極性，分子之間有很強的吸引力（氫鍵）（圖一）。

　　所以，雖然水分子很小、很輕，在常溫下仍是液體，即使在氣體狀態也是多個分子聚在一起。也因此，空中的水汽聚集到某一定程度就凝成雨滴落下，促成水的循環利用。高等動物體內的水分，因具極性和氫鍵，可溶解許多代謝作用產生的廢物而將之經半透膜攜出體外，是為尿和汗等。

　　人體釋出的汗，初為水汽，無法逸散時則集成汗為衣物所吸而致汗，須予洗滌。同理，衣物吸收雨水而變濕，須予烘乾。近年來新發明的 Gore-Tex 是將聚四氟乙烯以特殊方法製成一種每平方公分（厘米）含有14億個微孔的薄膜，平均每個微孔的直徑不到0.3 微米（μm，奈米的 1,000 倍），遠小於雨滴的最小直徑 100 微米。將其置

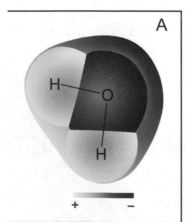
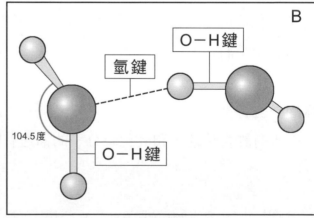

圖一：（A）水分子結構，外圍是共價鍵影響範圍。（B）水分子之間可由氫鍵連結。

於人造纖維（如聚酯及聚氨酯 PU）之夾層中，所製成的衣物雨水不能進入。但因人體釋出的水（汗）汽的大小只在奈米級，遠小於微孔的直徑，則仍可排出。故外穿 Gore-Tex 製成的衣物不會因淋濕而須乾燥，也因透汗氣而使內衣容易洗淨，都符合「永續」或「永續化學」的要求。由此觀之，了解科學原理以創新發明，實是達成「永續」之一要訣。

科學實驗破除迷信——磁化水

科學實驗能證明某一存在事實的成因，也能證明某一傳說或迷信之不可信。例如 1953 年起就有人宣傳：家庭用水經外加磁場（磁化器）一段時間後成為「磁化水（magnetized water）」，具有特殊性質，如表面張力改變，硬度降低等。

這種水在臺灣又稱「能量水」或「π水」，在網路上可找到不少討論文字。有些人竟相信「水通過強力磁場後，大分子團的水 $(H_2O)_n$ 被磁場分割成雙分子 $(H_2O)_2$ 或單分子 H_2O，……水就是磁化（小分子）活水。」，又有些人認為「磁化水的理化性質，如表面張力係數……等的改變會使細胞內電子傳遞速度加快。……」。但此皆無稽之談，已退休的加拿大 Simon Fraser 大學 Steve Lower 教授即曾在其網站上予以駁斥。[3]

美國的《化學教育期刊》2008 年 10 月（卷 85, 1416～1418 頁）

---

3. http://members.shaw.ca/slower/SKLstuff.html

曾有一篇文章介紹一實驗方法，讓學生由實驗來比較結果，判斷「磁化水」與「未磁化水」是否不同。作者使飲用水從一長 1.5 公尺、直徑 2 公分銅管上方，以每秒 65.5 毫升之速，經一市售的「磁化器」「磁化」流下，並重複五次。另將兩組「已磁化水」靜置 4 和 16 小時。然後分別測定四組樣品各十件的pH值、導電度、總硬度（碳酸鈣含量）與表面張力，其結果請參照表一。

表一

	未磁化水	磁化水	磁化水（4 小時後）	磁化水（16 小時後）
pH 值	8.08±0.03	8.07±0.04	8.11±0.04	8.10±0.03
導電度（mS/cm）	2.00±0.07	1.99±0.07	2.07±0.08	2.06±0.06
總硬度（g/L，碳酸鈣）	0.873±0.006	0.878±0.006	0.877±0.004	0.879±0.007
表面張力（dyne/cm）	75.4±0.6	75.2±0.6	75.3±0.6	75.6±0.6

可知在實驗誤差範圍內，「磁化水」與「未磁化水」並無不同，而且長時間離開磁場後，「磁化水」性質不變。水的硬度若未變，商業宣傳的洗滌效果怎會增進呢？故知，將水「磁化」實是一種與「永續」背道而馳的「浪費」。也可顯示「做實驗」對學習科學、了解科學的重要了。

（2009 年 5 月號）

水資源與水科技

◎──周珊珊、張王冠、黃盟舜、陳建宏

任職工研院能源與環境研究所

水資源不足將是未來主要的環境問題之一，本文分析全球與臺灣的水資源現況與挑戰，並對未來水科技的發展趨勢作一介紹。

人可以一天不吃東西，卻無法一日不喝水，但是你知道嗎？由於氣候變遷且新興國家的人口大幅增加，水資源不足的問題已日益嚴重。因此，經濟合作暨發展組織（OECD）已將其列為未來最主要的四項環境問題之一。

全球水資源的現況與挑戰

足夠的用水？

根據聯合國糧食及農業組織指出，世界正經歷著水資源危機，預期有限的淡水資源將面臨嚴重不足。1990 年已有二十個國家面臨

水資源短缺，到了 1996 年，更增加到二十六個國家，約有 2 億 3,000 萬人受到影響。聯合國環境規畫署預估，由於全球的暖化現象、全球人口的增長及自然資源的匱乏，且未來將有 50%的人口居住在城市裡，再加上工業持續發展與農業汙染所導致地下蓄水層的品質惡化，到 2027 年的時候，約有三分之一的世界人口將面臨嚴重的水資源枯竭。此趨勢在人口增加造成食物、能源及水資源的需求擴大時，會更形惡化。

　　雖然地球上大部分的面積都被水所覆蓋，但其中有 97.5%是海水，只有 2.5%是淡水。而淡水中的 68.9%凍結在南北極，29.9%為地下水，0.3%儲存於淡水湖泊及河流，0.9%存在於土壤、沼澤及永久凍土層。實際上，可供人們使用的淡水資源，不到全球總水量的 1%。水資源泛指對人類有用或具潛在性有用的水源，由雨水降落後變成河川逕流、入滲到地下水、或蒸發後回到大氣，生活、工業或農業使用後的水，經處理後又回到河川或海洋，而形成水的循環。

　　以目前矢志成為全球水技術中心（Water Hub）的新加坡而言，由於其傳統水資源多須仰賴馬來西亞，因此積極開發各種新水源，如海水淡化、新生水（NEWater）等。其中新生水為採用生活汙水處理後，進一步經過薄膜程序高級淨化的水。目前新生水的產量占全新加坡用水之 15%，預計至 2012 年將提高到 30%。新生水可作為直接的非人體取用水源（direct non-portableuse，如工業用水、景觀用水等），或間接的自來水來源（indirect portable use，如補注至水庫與河川等），因此考量新水源的綜合運用後，更具永續發展的水循環

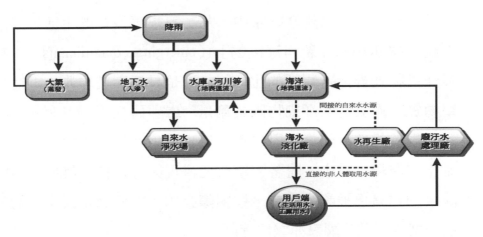

圖一：永續發展的水循環生態系統，圖中虛線表新的非傳統水源。水再生廠產生的新生水，直接至用戶端
　　使用時，作為非人體取用水源。

生態系統，應如圖一所示。

乾淨的水質？

　　目前全球水資源管理面臨嚴重問題，全世界有 11 億人（大部分
在亞洲）無法享有安全飲用水，26 億人不能享有基本的生活汙水衛
生處理設施。就新興國家而言，主要問題來自於工業發展與人口集
中過於迅速，以致於汙水處理等公共設施來不及興建。

　　近年來，中國大陸較受矚目的無錫太湖汙染事件，即因為工業
廢水與生活汙水大量排入，又未能妥善控制，因而造成藻類大量繁
殖而呈現觸目驚心的綠色「藻華」現象，對以太湖為飲用水源的 200
萬人，產生了嚴重的影響。諸如此類的水體汙染事件，在新興國家
中最近幾年來時有所聞。

另一方面，在已開發國家中，為了追求更優質的生活，因而逐漸重視一些水中的「新興汙染物」（emerging contaminants）。其實新興汙染物並非指新類別的化合物，而是長期存在的非急毒性微量化學物質。過去這些汙染物因其劑量、毒理研究等資料有限，而未受到法規的規範，部分化學物質仍於日常生活用品中大量使用，或已流布到環境介質中。隨著醫學研究發現與分析技術發展，影響人體健康的物質已被證實，在一些國際公約（如斯德哥爾摩公約）中已逐一禁用，部分國家亦立法管制。

這些化學物質包括持久性有機汙染物（persistent organic pollutants, POPs）、藥品汙染（pharmaceuticals and personal care products, PPCPs）與內分泌干擾物質（endocrine disruption chemicals, EDCs，亦稱為環境荷爾蒙），其間互有重疊。POPs 會長久存在於環境中，並累積於食物鏈，對人類與環境有長久性之危害；PPCPs 是從藥品與消費產品使用而釋放至環境的；EDCs 則是會干擾生物體內分泌之化學物質。這些汙染物質具有濃度低、但長期危害大等特性，尤其未來若再生水的使用比例提高時，某些難分解的新興汙染物會更容易累積在水體中，因此須從排放源管理與水處理等方面建立控制技術，以提高環境與用水品質。

臺灣的水資源特性與挑戰

臺灣地區的年平降均雨量約 2,500 毫米，為世界平均值的 2.6 倍，但由於人口密度高且河川坡度陡峭，每人每年可分配降雨量僅

約 4,000 噸，約為世界平均值的五分之一，為全世界排名第十八的缺水國。目前臺灣水資源利用，主要以川流水、水庫水及地下水為主。78%的降雨集中在每年 5〜10 月，北部的豐枯比約 6：4，中部和東部約 8：2，南部則為 9：1，每年約 900 億噸的降雨中，有 500 億噸的水迅速流入海中。以用水量而言，約 90 億噸的水直接自河川引用作為灌溉或民生用水，水庫供應約 35〜40 億噸，地下水抽用約 4 億噸，故每年可獲得平均的供水量約 175〜180 億噸（圖二）。至 2021 年，臺灣地區的總需水量推估需達 200 億噸，屆時將呈現嚴重缺水情形。

　　在用水需求方面，根據水利署全國用水量的統計及預估，2005 年農業及保育用水需 126 億噸（約占 70%），生活用水需 36 億噸

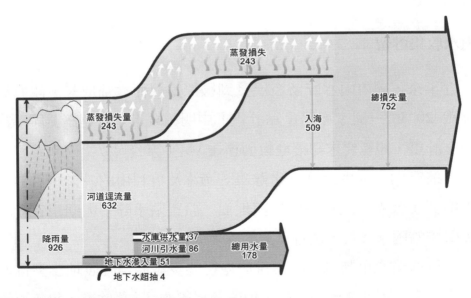

圖二：臺灣地區水資源利用現況。（單位：億噸／年）

（約占 20%），工業用水需 17 億噸（約占 10%），合計全國用水量約 179 億噸。工業用水雖占 10%，但產值卻占生產毛額 24～26%，因此工業用水之穩定供應相當重要。目前工業用水占整體水資源需求量 200 億噸的 10%左右，但至 2021 年將成長至 28 億噸，政府並要求新開發計畫的工業用水的回收率至少需達 65%以上，顯示工業用水回收再利用的重要。

開發新的水源及重大工業區開發，使水資源之供應愈來愈困難，再加上經費短缺與誘因不足的現況下，難以推動自來水減漏與節水措施，因此亟需尋找新的替代水源。針對未來可能面臨的缺水危機，目前在技術上可行的多元化水源開發方式，可概分為雨水收集貯留、農業迴歸水、海水淡化、中水回收再利用及工業廢水回收再利用等。

雨水收集貯留

近年來，國內雨水貯留發展受到國際重視而大幅成長。政府於「挑戰 2008——國家發展重點計畫」中明確規畫「綠建築」與「綠校園」計畫，規範要求總樓地板面積達 3 萬平方公尺以上之新建建築物，須進行雨水或生活雜排水貯集、過濾及再利用的設計。目前部分工廠與工業區已陸續在屋頂與地面，設置雨水貯留與回用系統；各級學校的雨水回收，也有不錯的應用成果。

另以農業應用為例，農業用農塘已逐步發展至丘陵地小型雨水的貯蓄設備，現今臺灣地區的補助設置已經達到 8 萬餘噸，每年可提

供約290萬噸之雨水量。此外，馬公機場藉由現有跑道之排水渠道，設置抽水機將暴雨逕流抽取進入成功水庫，估計每年收集之雨水量達25～50萬噸。

雖然雨水貯留已漸受重視，但因國內水費偏低，仍有待大幅推廣。為了成功推動國內多元化水源中雨水利用，「雨水量評估」、「初期雨水截流」、「雨水過濾」、「多水源切換系統」、「水質水量監測」等技術，及規格化、商品化之雨水利用模組化產品研發，將是重要關鍵。

農業迴歸水

農業迴歸水是在經過農業灌溉後仍具有回用價值的水資源。灌溉迴歸水受到季節、土壤特性與種植作物之不同，而造成不同的水質特性。此外，生活汙水及工業排水亦常造成水中汙染物之累積，因此下游灌溉渠道之水質常比上游差，故需設計適當且符合經濟效益之處理回收流程，並考量現有供水渠道與用水點之配送水成本。

傳統的自來水處理流程，無法將農業迴歸水處理至所需之水質標準，其再生技術所面臨之瓶頸包括：豐水季時因颱風或暴雨造成的高濁度原水處理不易、枯水季時有機汙染與肥料造成的氨氮濃度較高、水中農藥去除技術尚未成熟、成本較高及農業灌溉排水之水質變異度大。

工業廢水回收

在工業用水方面，工業局明定 2021 年工業用水回收率須達65%，以 2005 年之用水回收率 51.1%估算，回收水量成長空間為 34.9 億噸，即每日須節約或回收用水約 1,060 萬噸用水。節約用水以製程用水、冷卻用水、鍋爐用水、生活用水及廢水回收為主要方向，由過去用水效率提升估算，未來回收水量改善空間約 910 萬噸，廢水回收約占 150 萬噸。

工業廢水由於組成成分複雜，其回收相對需作較完整的考量，包括不同特性的廢水分流、最適當的整合性處理回收流程、回用方式、經濟效益評估、與濃縮水排放等問題，因此相對於其他水再生技術，具有更高的挑戰性。

水處理科技的發展趨勢

水處理科技可大致區分為淨水處理及廢水處理兩大項，相關周邊供應鏈包括水處理設備、材料、系統、監測儀器等。淨水處理包括自來水處理、家用淨水處理、工業用水處理及海水淡化等；廢水處理則包含生活汙水、工業廢水處理及回收等。

現今亞、非大部分地區仍缺乏安全飲用水與汙水處理設施，而新興汙染物（POPs,PPCPs, EDCs）的

> ▶ 地球上可供人們使用的淡水資源不到總水量的 1%。若全球暖化現象和人口增長的趨勢持續下去，預計到 2027 年，平均每三人就有一人將面臨嚴重的水資源枯竭。

問題亦逐漸浮現。加上能源成本逐漸提高，節能型與資源回收型的處理技術更顯重要。此外，為節省資源與提高水回收性，不使用化學物質的水處理技術（non-chemical water treatment），將成為未來趨勢。

若從臺灣的角度來看水處理的問題，以往僅針對傳統放流水標準項目的化學需氧量、懸浮固體（suspended solids）進行排放管制，未來將陸續要求針對會造成水體優養化的氮、磷進行處理。而由於各行業水回收率要求提高，還需建立回收水水質需求，與濃縮水處理技術。除此之外，非傳統水源（生活汙水處理水、農業迴歸水等）之利用與處理需求，亦逐漸浮現。

美國伊利諾大學夏倫（Shannon）等人，針對未來數十年水處理科技的發展，作了完整的專業分析，認為最主要的重點目標是開發低化學品添加，與低能源消耗的技術（less chemical- and energy-intensive technologies），主要的應用標的為下列四項：

一、消毒（disinfection）

避免產生有毒的消毒副產物，如三鹵甲烷等，並去除目前某些加氯消毒系統無法消除的致病微生物。

二、去除汙染物（decontamination）

以更經濟及穩定的方式偵測，並去除毒性汙染物，如利用感測器網路（senso rnetwork），進行即時監測與控制（real-timemonitoring and control）。此外還須考量微量汙染物，包括重金屬、砷（As）、石油化學品汙染物、農藥與前述所提的新興汙染物（POPs, PPCPs, EDCs）。

三、水回用與再生（reuse and reclamation）

採用奈米科技建構高透水性薄膜，兼以高級物理與化學處理程序，及高級生物處理程序，如薄膜生物反應系統（membrane bioreactor, MBR），達到同時進行生物處理與薄膜過濾的功能。

四、脫鹽（desalination）

採用前處理程序，及抗垢的逆滲透薄膜材料，可以應用於海水、半鹹水與高導電度水的處理。綜合以上所述，可將未來的水處理科技發展趨勢，歸結於建構循環型的水環境，從水體、淨水場、使用端到汙水廠，利用不同的新科技，達到永續發展、節能減碳與生態共生的目標（圖三）。

結語

伴隨著全球暖化現象與人口的持續增長，自然資源日益匱乏。工業與農業汙染導致地下蓄水層的品質惡化，對自然環境將造成嚴重且無法回復的傷害。面臨水源枯竭與自然資源破壞等危機的此時，應當更積極投入多元化水源開發，同時對於工業、農業與民生用水的排放源進行妥善管理，再搭配水處理控制技術，藉以提高環

境與用水品質。並針
對水回用再生、節能
減碳與生態共生等領
域研發新技術，以因
應未來水資源即將面
臨的挑戰，構築兼具
永續發展與環境優化
的水資源系統。

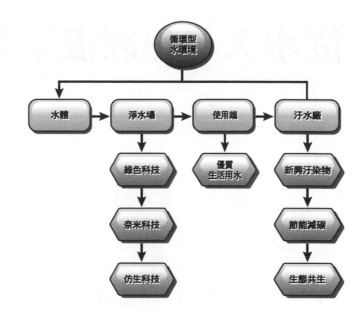

圖三：未來水處理科技的展趨勢。

（2009 年 6 月號）

從水天一色談溫室效應

◎—劉廣定

水天一色，是古人用來形容水色所呈現的美景。而以今日科學的眼光，水的分子結構不僅造就了它的顏色，也與引發溫室效應有關。

時令已入孟秋，[1] 大約一千四百年前王勃寫下迄今仍膾炙人口的名句：「落霞與孤鶩齊飛，秋水共長天一色」，描述秋日從南昌滕王閣上觀賞到的景色。遙想當年，秋高氣爽，晴空萬里，間有白雲數點飄蕩，偶見單飛之鳧，而清澈的贛江水與青天連為一色，這是沒有環境汙染的好天氣所呈現的美景。不僅秋日，春季亦然，「春水碧於天，畫船聽雨眠」不也是寫水天一色嗎？[2]

　　無雲的天空顯現藍色，是由於可見光的紅、橙、黃、綠、藍、紫各色光中，藍光和紫光的波長短、頻率大、能量也大，空氣分子

---

1. 2009 年 8 月 7 日為立秋。
2. 韋莊〈菩薩蠻〉（「人人盡說江南好」闋）。

散射藍光和紫光的效率因而較好。一般人肉眼對藍光的敏感度超過紫光，所以我們看到的晴空，無論日夜，多是藍色，也因此李商隱才吟出了「嫦娥應悔偷靈藥，碧海青天夜夜心」的千載絕唱！

水為淡藍色

　　江河之水為何是藍色的？一種說法是水中植物呈現的顏色，也可能是由於天空或水邊植物的「倒影」，所以說「高山青、澗水藍」。但是，即使滿天烏雲，海水還是藍的，這又是為什麼呢？因為**水本來就具淡藍色**。或許有人會懷疑：教科書裡不是說「水是無色、無味、無嗅的液體」嗎？

　　實際上，教科書錯了！若水無色，那麼深水（例如海水）為何常為藍色呢？1993 年有兩位科學家以實驗證明水本來就是淺藍色，只是水不夠深時，一般肉眼看不出來罷了。[3]他們用一垂直懸掛、直徑 4 公分、長 3 公尺的鋁管，以透明無色壓克力片封閉一端，管中注以純水，在管的下端放一白紙並令日光照射其上，然後以肉眼從水管上方觀察，果然「水是藍的」！其原因是水分子內 O-H 鍵振動的倍頻（overtone）組合吸收所造成。

　　理論上，含 n 個原子的非直線形化學分子都有 3n 種基本運動模式：三種移動，三種轉動以及 3n-6 種振動。水（H_2O）是非直線形分子（圖一），故

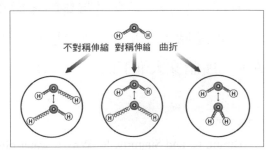

不對稱伸縮　　對稱伸縮　　曲折

圖一：水分子的結構與共振變化。

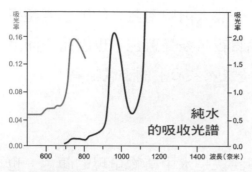

圖二：本圖為純水的吸收光譜，深色實線對應右邊的吸光率刻度；淺色線對應左邊的吸光率刻度；橫軸為波長，配合左右坐標，顯示水對於不同波長的光線吸收程度

其中 O-H 化學鍵有「對稱伸縮」、「不對稱伸縮」和「曲折」三種振動模式，它們會吸收在2.738、2.662與6.226微米（μm）的紅外線區光能，發生振動。

但是水分子吸收光譜在波長660～760奈米（即0.66～0.76微米）處又有微弱的倍頻（overtone）組合吸收（圖二），吸收紅色光而顯現其互補色——藍色。惟顏色極淡，若不夠深，看不出來，才會讓人以為水是「無色」。

其實，在環境汙染嚴重的二十一世紀仍可以看到「水天一色」，只不過是天色昏暗、水質混濁一片，不再是美麗的碧水青天罷了。

空氣汙染與溫室效應

水汙染，故水質混濁，似是理所當然。空氣汙染呢？酸雨、落塵原都不至於使天空長時昏暗。微小的顆粒（直徑約在 0.01 毫米以下）如煙塵、飛灰，本因地面空氣溫度較高空為熱而上升（圖三A），所謂文人筆下的「炊煙裊裊」或「大漠孤煙直」都是描寫此一

3. Braun, C. and Smirnov, S., Why is water blue?, *Journal of Chemical Education*, vol. 70 (8):612-614, 1993.

現象。

然而，近年來地球表面「溫室氣體」大量增加，形成一個「熱空氣層」。許多顆粒微小的汙染物難以上升到高處，滯留在低空，使天空成為昏暗（圖三 B）。在颱風過後，或有時一陣狂風吹拂，晴空又可再現。故溫室效應和空氣汙染是密切相關的。

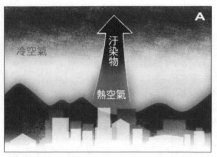

圖三：（A）在沒有溫室效應的影響下，廢氣炊煙在被排放後能夠直達天際；（B）在有溫室效應的影響下，形成一個熱空氣層，阻礙廢氣往上而滯留在地面，導致溫度節節升高，惡性循環。

溫室效應的功與過

一般人多以為耳熟能詳的「溫室效應」是現代科技造成的禍害，也多能知道因為大氣層中的二氧化碳（CO_2）濃度不斷增加，才造成全球暖化、氣溫增高、大氣環流變化等等。但或許較少人知道何以二氧化碳等會造成「溫室效應」？可能更少人知道水蒸汽也有「溫室效應」，或「溫室效應」對人類也是有恩惠的吧。

如圖四所示，溫度很高的陽光，在白天透過大氣輻射到地面，使地面增暖。但地面，尤其是晚間也會反向天空放出輻射熱，其一部分熱量，為大氣中因生物的活動和自然現象所產生的二氧化碳和水等物質所吸收，因而就如植物溫室的玻璃屋頂和窗戶一般，吸收

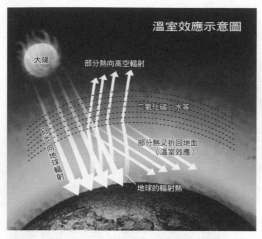

溫室效應示意圖

太陽

部分熱向高空輻射

二氧化碳、水等

日光向地球輻射

部分熱又折回地面
（溫室效應）

地球的輻射熱

圖四：地球的熱能多來自於太陽。過去沒有溫室效應的影響，大部分的熱能在傳到地球上後，多會散逸到太空中，但現在卻因為溫室效應影響，殘留地球。

了熱能，也就是說維持了地球表面的一定溫度。

據估計，假設地球是半徑為 R 之圓球形，已知到達地表的太陽能強度 $j_{E(Sun)}$ 為 $1000W/m^2$（瓦／平方公尺），故地球接受太陽能總量 $I_{E(a)} = \pi r^2 j_E$。按斯特凡－波茲曼定律（Stefan-Boltzmann's law），地球放出去的輻射能量為 $j_{E(Earth)} = \sigma Te^4$。因地球的表面積為 $4\pi R^2$，放出的總能量 $I_{E(e)} = 4\pi R^2 \sigma Te^4$。在穩恆狀態（steady state）$I_{E(a)} = I_{E(e)}$，或 $\pi R^2 j_E = 4\pi R^2 \sigma Te^4$，其中 $\sigma = 5.67 \times 10^{-8} W/m^2 K^4$ 即所謂斯特凡常數。由此計算出，如果沒有二氧化碳和水的溫室效應，全球地表平均溫度將為 $-15°C$ 或絕對溫度 $258K$，[4] 這樣子的環境，人類又要如何生存？換言之，適當的溫室效應是當今地球上生命賴以生存的必要條件，所以二氧化碳和水這兩種「溫室氣體」是有恩惠於人類的。

然自近一百多年來，由於人口劇增、化石燃料使用量大幅增加、工業廢氣無節制地排放，再加上森林及草原面積劇減，導致大

---

4. Würfel P., Physics of Solar Cells, 2nd edition, US, Wiley-VCH, pp. 6-7, 2009。若採不同方式估計，數值會略有出入。

氣中二氧化碳等氣體含量不斷增加，以致吸收及反射回地面的熱能增多，方引起地球表面氣溫上升，全球氣候變暖。雖然全球平均溫度比起五十年前增加不到 1℃，卻已對全球產生嚴重的影響，為了「永續發展」，務必正視。

溫室效應氣體

為何二氧化碳和水會引起「溫室效應」呢？上文已說過：水（H_2O）是非直線形分子，有三種振動模式，能吸收紅外線區光能。然二氧化碳（CO_2）分子為直線形（圖五），只有兩種轉動模式，但有 3n-5，即四種振動模式。唯其兩「曲折」振動模式相同，是為簡併狀態（degenerate state）。C = O 化學鍵的振動吸收也在4.256，7.463 與 15.015 微米的紅外線區。所以都是「溫室氣體」。

因此，凡是安定的化學分子，又在紅外線區有強烈吸收，都會吸收光能，升高能階，然後釋出能量，降低能階，故都是「溫室氣體」。這些氣體包括了甲烷（沼氣）、氧化二氮（笑氣）、氟氯碳類、氫氟氯碳類、氫氟碳類以及含氟氣類如：SF_6、NF_3、CF_3SF_5 等。目前造成溫室效應的氣體主要是二氧化碳（72%），甲烷（18%），氧化二氮（9%），其他氣體總共只占約 1%。但必須注意，其他氣體造成的溫室效應，在相對升高溫

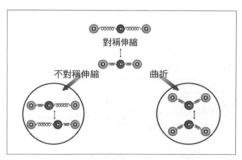

圖五：二氧化碳分子的結構與共振變化。

度的影響力（greenhouse warming potential 簡稱 GWP）上，都比二氧化碳要大得多。像 SF_6、NF_3、CF_3SF_5 甚至達到 2 萬倍左右，而且它們在大氣中的生存期又極長（參閱表一），不易分解。

　　許多含氟化合物又常被電子工業（如液晶及等離子電視製造業）和半導體工業所使用，理當在查覺到可能造成的破壞後，就該進行管制。然而，在 1997 年「京都議定書（Kyoto Protocol）」，為阻止溫室效應繼續擴大所管制的對象裡，氫氟碳和含氟氣卻不在其內，導致全球仍無「法」可管，讓這些氣體在大氣中囤積愈來愈多。若相關工業繼續釋放這些溫室氣體，溫室效應造成的影響又如

表一：常見溫室氣體列表

氣體	十八世紀含量	當前對流層含量	相對升溫影響力	大氣生存期（年）
二氧化碳	280 ppm	377.3 ppm	1	不定
甲烷	730 ppb	1847 ppb	23	12 年
氧化二氮	270 ppb	319 ppb	296	114 年
臭氧	25 ppb	34 ppb	未知	幾小時至幾天
CFC-11（CCl_3F_2）	0	253 ppt	4600	45 年
CFC-12（CCl_2F_2）	0	545 ppt	10600	100 年
四氯化碳	0	93 ppt	1800	35 年
1,1,1-三氯乙烷	0	23 ppt	140	48 年
HCFC-22（$CHClF_2$）	0	174 ppt	1700	11.9 年
HFC-23（CHF_3）	0	14 ppt	12000	260 年
全氟乙烷	0	3 ppt	11900	10000 年
六氟化硫	0	5.22 ppt	22200	3200 年
三氟甲基五氟硫（CF_3SF_5）	0	0.12 ppt	約 18000	約 3200 年
三氟化氮	0	0.16 ppt	17200	740 年

註：ppm、ppb、ppt 皆為含量單位。在此，ppm 為百萬分之一；ppb 為十億分之一；ppt 為一兆分之一。

何能夠改善？則無論再如何發展經濟，恐也不能「永續」吧。

（2009 年 9 月號）

二氧化碳濃度與海水酸化

◎─陳鎮東

任教中山大學海洋地質及化學研究所

由於人類經年累月地砍伐森林及燃燒煤炭、石油、天然氣等化石燃料，導致空氣中的二氧化碳濃度逐漸上升。進入大氣層的二氧化碳，目前大約有四分之一會溶於水，進而形成碳酸（H_2CO_3，公式[1]），使得海水逐漸酸化。而海水中的碳酸會分解成氫離子及碳酸氫根（HCO_3^-，公式[2]），後者還會進一步分解成碳酸根（CO_3^{2-}，公式[3]）。

海水是個緩衝溶液，公式[2]的平衡常數大概是 6 左右，而公式[3]的平衡常數大概是 9，海水的平均 pH 值大約是 8。因此在海水中，當碳酸的濃度增加時，碳酸大多會與碳酸根結合變成碳酸氫根（公式[4]）。當碳酸根濃度降低之後，海水中的碳酸鈣就會溶解，以補償水中減少的碳酸根（公式[5]）。不過，海水中能溶解的碳酸鈣含量不高，因此無法補償所有減少的碳酸根。結論就是，這些熱力學公式指出，當水中溶有越多二氧化碳時，水中的碳酸根濃度不

增反減！

$$CO_2 + H_2O = H_2CO_3 \dots\dots\dots\dots\dots\dots [1]$$

$$H_2CO_3 = H^+ + HCO_3^- \dots\dots\dots\dots\dots [2]$$

$$HCO_3^- = H^+ + CO_3^{2-} \dots\dots\dots\dots\dots [3]$$

$$H_2CO_3 + CO_3^{2-} = 2HCO_3^- \dots\dots\dots [4]$$

$$CaCO_3 = Ca^{2+} + CO_3^{2-} \dots\dots\dots\dots [5]$$

　　有點與想像不符是不是？曾有人倡議在海底廣種珊瑚，以吸收二氧化碳轉為碳酸鈣，這是完全搞反了。公式[5]告訴我們，珊瑚吸收的是碳酸根，而碳酸根濃度減少後，公式[4] 告訴我們，兩個碳酸氫根會轉變成一個碳酸根，同時還會多產生出一個碳酸。而公式[1]顯示，碳酸濃度增加時，會釋放出二氧化碳。因此雖然保育珊瑚礁十分重要（參閱《科學月刊》2009 年 10 月號），不過想要種珊瑚來吸收二氧化碳，結果是適得其反（參閱《科學月刊》2002 年 11 月號）。

　　工業革命之前，空氣中二氧化碳的濃度（以體積表示）大約是百萬分之 280（280ppmv），現在已經上升到了 385ppmv。附圖最上方的一條線，顯示的是 1958 年以來，科學家在美國夏威夷實測的大氣中二氧化碳濃度，略為下凹的弧形，表示二氧化碳濃度逐年上升的速度越來越快。科學家在海水中長期測量二氧化碳（圖一中間那條線，單位為百萬分之一大氣壓）及 pH（圖一下方的線）的歷史較短，不過已可明顯看出變化。由於海水吸收二氧化碳需要時間，因

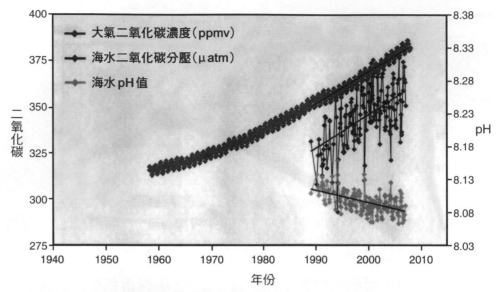

北太平洋二氧化碳濃度及 pH 的時間序列圖。

此海水中二氧化碳上升的趨勢，較空氣略有滯後的情形。

　　圖上海水 pH 下降的幅度似乎很和緩，不過別以為就可以放心了，要知道 pH 是對數指標，每差一個單位，海水酸性、氫離子濃度（其實是活性，姑且以濃度表示）就差 10 倍。因此自工業革命以來，海水的酸性已增加了三成。而過去二千萬年來，海水酸性改變最快的時期，變化速率也不及目前速率的百分之一。海洋生物要適應這麼快的改變，恐怕不容易。六千五百萬年前海中鈣質生物的大滅絕，就很有可能是海水極度迅速酸化所造成的。

　　令人吃驚的是，空氣中二氧化碳濃度上升的速度，比十年前聯合國跨政府氣候變遷小組（Intergovernmental Panel on Climate Change, 2007 年因其研究成果推廣抗暖化觀念，得到諾貝爾和平獎）所預估

的最壞情境還要糟。與大氣相比，海洋中二氧化碳從研究者所得到的關愛眼神較少。不過由於二氧化碳溶於水後發生的變化，基本上就是由上列五條公式所控制，也就是由熱力學來控制，變數較少，也比較容易預測。

海水酸化，最直接的反應就是碳酸鈣比較容易溶解，因此鈣質的骨頭及殼，就不容易長好，甚至會變形。雖然少數生物，如能固氮的藍綠菌（cyanobacteria），可能在二氧化碳濃度升高的情況下，長得比較好，不過魚蝦、珊瑚等生物就沒那麼好過了。以珊瑚為例，到這個世紀中旬，珊瑚骨骼鈣化速率將減少三分之一，以致溶掉的珊瑚礁會多於新長出來的。也就是說，全球許多珊瑚礁將逐步消失。

大部分我們看得見的珊瑚礁都生長在淺海，其實幾百公尺的深海也有珊瑚礁。這些深海珊瑚礁不像淺海珊瑚礁的組成珊瑚種類繁多，而通常只有一、兩種珊瑚支撐著複雜的生態系。一旦這一、兩種珊瑚受到酸化影響（海水中pH每降低0.3，就會造成冷水珊瑚的鈣化速率減半），整個生態系就會受到衝擊。

有殼的海蝸牛日子也不好過，在較酸的海水中殼長不好，自然也就比較不容易存活。而海蝸牛卻是鮭魚的主要食物之一，一旦海蝸牛長不好，有些鮭魚就要跟著挨餓，進而影響更上位的食物鏈。

海水酸化甚至會影響鯨魚，怎麼說？許多鯨魚是群居動物，會一齊迴游，通力合作捕魚，靠的是「鯨語」及靈敏的聽覺。當海水酸化之後，海水吸收聲波的能力會減少，也就是說海中會變得更

吵，而使得鯨魚更難交談，也更容易被水中聲納或船隻的螺旋槳聲干擾（有些報導說鯨魚發瘋就是因為潛艇的強力聲納造成的）。

　　生態系真是牽一髮而動全身，大家會想到，自己騎摩托車，多排出一點二氧化碳，居然會讓鯨魚受苦嗎？（本文圖片由作者提供）

（2010 年 2 月號）

萬水行化學
——水樣酸鹼值，全民一起來

◎—劉陵崗

任職中央研究院化學研究所

水質測量是 2011 國際化學年的全球化學實驗活動之一，讓大眾藉由認識臺灣的水，了解化學是如何運作在日常生活中重要資源之一的水中。

國際化學年（International Year of Chemistry 2011, IYC 2011）是國際純粹及應用化學會聯盟（IUPAC）和聯合國教科文組織（UNESCO）所全球性的活動，由各國化學會、學術機構、研究單位和企業集團，在世界各地

圖一：2011 國際化學年以水為主題，希望藉由水的實驗讓大家了解化學的重要。（圖片來源：IYC 2011 網站）

共襄盛舉，主動組織串連各地和區域性的活動。

IYC 2011 一方面慶祝化學過往的成就，也表彰化學對人類福祉的貢獻。2011 年全球統一的主題是「化學—我們的生活，我們的未來」，對所有年齡層將提供一系列互動式、娛樂性和具有教育內涵的活動。在臺灣所推出系列性的活動，將分「親眼 FUN 化學」（壁報及靜態展示）、「親手 FUN 化學」（親自動手做實驗）、「親耳 FUN 化學」（專題及科普演講）、「親水 FUN 化學」（圍繞著水的主題進行化學實驗活動）四個部分，配合其他相關的化學活動進行。

此外，IYC 2011 還有幾個深層的意義：希望公眾對化學曾經協助達成世界食衣住行的需求，感念惜福，並加以了解化學如何協助實現聯合國千禧年發展目標；IYC2011 更希望能夠鼓舞出青少年對於化學的興趣，也讓大家產生對未來化學創新的熱情。IYC 2011 尤其考量到國際合作的加強，其中的一項，就是以水的化學為經，以人的實驗為緯，串連全球化學實驗的活動。

全球化學實驗背景介紹

在 2004 年，IUPAC 曾經舉辦過研討會—— CHEMRAWN XV，主題為水的化學，對於水利用的諸多問題，試圖加以著墨。CHEM-RAWN 是個縮寫，來自 CHEMical Research Applied to World Needs，屬於 IUPAC 針對公眾議題的國際性研討會系列。當中討論的水的化學可分成分離科學、消毒科學及分析科學。

水是一個複雜物種，具有許多特殊的性質。如果人類對於其溶

解無機化合物或有機化合物的能力，以及對水的化學反應活性機制，知曉得越多，實際應用起來，也會越方便。又因水為非汙染溶劑及非汙染試劑，是發展永續（綠色）化學中重要的溶媒。

　　全世界水的儲存量或許是天文數字，不過，如果從終端使用的觀點來說，全球水的 97%為海洋水系統，鹽類含量太高，無法直接飲用，剩下的水量裡面，只有 1/8 是真正可用的。但是，水與煤礦、油源等其他自然資源相比，絕對是一種再生資源。水的循環，有其大自然再生的方式，人類目前之所以需要研究「水再利用」的問題，主要是因為世界人口增加速率太快，光靠大自然水的循環回補不及。世界人口 1920 年為 10 億；1960 年達 30 億；2010 年已超過 68 億，因為地球上水的總量是固定的，顯然未來人類的均用水量，還會再降低。

　　世界衛生組織（WHO）發表過一些與水有關的統計數字，令人怵目驚心：拉丁美洲都市的廢水，86%未經處理就直接排放到河流、湖泊和海洋裡面；亞洲都市的廢水情況也不太好，65%沒有處理。根據 WHO 的數據，在未處理過的廢水裡面，1 公克的糞便約等同於 1,000 萬個病毒、100 萬個細菌、1,000 個病毒囊胞以及 100 個蟲卵。WHO的統計也指出，不潔的水每年會造成世界上40億腹瀉的病例，占全球疾病統計總數的 4.5%，180 萬人因而死亡，其中 170 萬是小於五歲的兒童。

　　水是地球表面最豐富的物質，占 70%的地表，也構成了人體總量的 60%。水獨特的化學特性，是生命中不可或缺的物質，因此成

為 IYC 2011 全球化學實驗主題的上上之選。

奇妙的水

　　水是自然界中最奇妙的分子，從物質相變化的角度來看，水是自然界中唯一在一般條件下可以同時以固相、液相、氣相存在的物質。冰的密度遠小於液態的水，而水的密度在 4℃時達到最大值，這使得湖泊深處幾乎是恆溫的狀態，冬天時的覆冰又有保溫效果，使得冰層下有大量的不凍水，孕育了生命。

　　水的分子量是 18，但氣化熱卻有 539 卡／公克，而分子量 46 的乙醇，其汽化熱才 200 卡／公克，這麼小的分子有這麼大的吸熱，真是驚人，颱風的能量就是由此得到。陽光、空氣、水是生命不可或缺的三要素，但我們卻將立即面臨全球性的水荒，因此水的確是未來化學家的一個重要課題。

水的分離、消毒及分析科學

　　從興利的角度來看，化學和化工的發展，可以有效幫助純化和提供安全的水。既知世界上有 97% 的水，是包含在海洋鹽水的範圍裡面，則發展海水淡化程序，提升飲用水來源，重要性不言可喻。

　　有水源的地方不代表水源可以使用，印度孟加拉的水源有含砷的問題，嚴重到孟加拉全國六十四個區域當中，有六十一個區域都出現了砷毒水源，規範應該在 10ppb〔註〕以下的砷含量，居然可以檢驗出最高值達 14,000 ppb 的含量；東歐的摩爾多瓦（Moldovan）水源

有過量氟的問題，這些問題基本上都需要以化學方法解決。

其次，水源充足的地方，不代表水源可以永續使用，以一般湖水取用為例，必須配套管理，才能讓汙染物質遠離水源。工業用水和家庭用水的規範，各國並不相同。條件較差的地區，對飲用水的要求，可能與對沐浴、灌溉或動物用水相同；在高度專業地區，如製造電子積體電路組件的相關產業體系下，工業用水的要求，可能不純質需要少於 ppt〔註〕的尺度。要達到這種純度，逆滲透薄膜技術顯然能有作為。

自然界中純水很難存在，因為水能溶解很多的物質。一般的飲用水會溶解少許的礦物質，提供飲用水的味道，但是適合飲用的水，一定要去除有機汙染與細菌汙染。目前用來進行水消毒的藥品，仍然以含氯化合物為最大宗，美國使用氯胺物種消毒，但歐盟用二氧化氯物

圖二：世界上許多地方，都遭受無乾淨水可用的問題。聯合國千禧年發展標的中的其中一個項目，就是讓這些地區的居民有乾淨的水可用。圖中為聯合國兒童基金提供資金整修水井，讓象牙海岸的小女孩從村莊新修好的水井取水，填充到家中的水缸裡面。（照片來源：聯合國照片，Ky Chung 攝影）

〔註〕：ppb 為 10 億分之一，即一公斤的物質中有一微克（1μg/L）的物質；1 ppt 則為兆分之一，即一公斤中含有一奈克的物質（1ng/L）。

種消毒。水中加氯，如用量控制適當，基本上對降低傳染疾病有正面效益，不過，像造紙工業大量使用氯，如果其殘餘量直接進入生態環境當中，衝擊就非常大，所產生的可疑致癌物質，會在食物鏈中逐層累積。因此現在用來處理水的藥品，除了性能之外，殘存毒性、對環境衝擊、用水量大小都是考量重點，所殘存的降解成分，必須為生物共容。

目前以層析質譜方法檢測廢水中殘存藥品及抗生素含量，極限在每公升10奈克（ng）～10公克（g）之間。傳統的汙水處理方法對於一些常見的消炎劑效用不大，但增加逆滲透膜處理，效果會好很多。在水域中的微量有機汙染物也是許多文明的指標，源自增塑劑、清潔劑、介面活性劑、人或動物用藥、肥皂、香料、激素、防火材料、殺蟲劑等，當中許多有機物種是所謂的環境荷爾蒙，其四兩撥千斤的效應，對生態影響極大。

水的重要

水和其他化學物種不同，在所有利用水的狀況中，水並沒有被消費掉，只被汙染掉，用過的水純度降低，回到自然界的循環體系中來淨化。不過，自然界水循環回復純淨水的效率，跟不上水被汙染的速度，因此用人為的方式進行汙水處理，加速自然回復純淨水質的能力，有其必要。

水是自然界中唯一表現出固態、液態和氣態的物質，自然界中的水循環牽連到世界上所有的水資源，而水循環過程中吸收或放出

的能量，也決定了整個地球的溫度。大氣層中的溫室氣體裡面，水的角色最為重要，而並不是近來受到關注的二氧化碳，且地球暖化應不以大氣層單獨考量，海洋及水循環比重絕對不小；洋流路徑、雲層特性與雲或冰成核過程的熱效應，與地球溫度互動絕對有關係。

　　大家越來越關心的格陵蘭及南極冰山連續缺角，以及冰河加速入海現象，其實都是水循環的部分表徵，而我們對這一個循環，了解得並未足夠透澈。

全球性的水化學實驗

　　2011 年國際化學年的活動，希望一般民眾的參與，特別是各級的學生。而 IUPAC 和 UNESCO 規畫出一套全球化學實驗活動（The Global Chemistry Experiment For the International Year of Chemistry 2011），引導大眾認識化學如何運用於水——這個日常生活中最重要資源之一。全球化學實驗讓世界各地的學生，圍繞著相同的主題來進行實驗活動。溶液中水的化學，以及水在社會和環境中的角色將被突顯出來。

　　水很少是純的，許多的物質，特別是礦物質，很容易溶解在水裡，水實質上是最通用的溶劑。自然系統和人造系統之間的交互影響，導致了水溶液的多樣性質，在環境現象和大尺度應用而言，水永遠是個關鍵。地球上占絕大多數的海水，因鹽含量非常高，並不適合多數的用途。因此，全世界實際使用水，都需要對水適當加以

圖三：水是自然界中唯一以三相同時存在的物質，是人類生存不可或缺的元素。（圖片來源：維基百科）

處理，以供人使用或飲用。水在物理、化學和微生物條件都有必要的規範，以作為水質淨化依循的要求；其物理、化學和微生物參數值的測量，也需要法定標準步驟。全球化學實驗的目的就是希望藉由動手做的實驗，清楚地將上述這些概念呈現給世界各地的學生。

　　全球化學實驗包括四種不同的項目活動：每個項目在各大洲、各年齡層，都可以操作，活動也很容易因應學童的程度和不同年齡層的興趣，來加以調整。實驗使用到的設備容易取得，且花費不大。因此能讓參與者在各自的生活環境中，研究水的品質和水的淨化。品質和淨化兩者，各有兩種項目活動，提供給參與者選擇最適合自己的計畫。在測量水的品質方面，包括一、測量水樣的 pH 值，二、探索水體的鹽度，例如讓學生探討本地水體的鹽度，測試方法包括水體蒸發後，剩餘物質的質量，或利用以氯化鈉校準之電導度來估算出水體的含鹽量。其次，水的淨化實驗上，則包括一、過濾和消毒，二、鹽水淡化，例如鹽水淡化的實驗，鼓勵學生以家用材料構建出太陽能蒸餾塔，嘗試來淨化水。

全球化學實驗每個活動項目都經過專責小組評估選定，專責小組成員由教師、大學教授、業界科學家和英國化學會、IUPAC 和 UNESCO 代表所組成，以確保這些實驗在世界各地都適合實施；項目活動也經過測試，確定可行，特別是在發展中國家，也照樣能施行實驗。活動中，學生的工作手冊、教師的工作手冊，包括教學指引，都可以很容易地到 IYC2011 網址上取得使用。

全球化學實驗讓學生能有參與化學調查、資料收集及驗證的機會，並在 2011 年底，將所有的結果集結顯示在 IYC2011 的網站上，成為一個互動式的全球資料地圖，因此本項活動，更同時自然地呈現出國際合作的價值。活動中產出的數據，將不只是實驗數據，而是全方位的探討，從而導引大家對社會議題中化學角色重要性的討論。

在臺灣，全球化學實驗也將是國際化學年化學會參加全球 IUPAC 共同的活動之一。活動期間會請各國中小學、社會團體組隊報名參加，領取活動套件，並在化學週期間採取水樣，進行酸鹼值的量測，利用 GPS 測量並回報取樣地點的經緯度座標，最後以網路填報經緯度座標及酸鹼值結果。活動套件組合包括指示劑、各個指示劑的顏色圖表、試管、滴管、濾紙和實驗說明；各團隊回報包括取水、酸鹼值、GPS 之數據，也將整合成為臺灣水源的酸鹼值記錄，參與並成為 IUPAC 全球圖形的一部分。

化學會最後也將在移動式特展中心設置模型，就 GPS 的位置加註測量得到的之酸鹼值，產出臺灣的酸鹼值圖形。2011 年底活動結

束後，所有參加者均可得到一份完整臺灣的酸鹼值圖形紀錄，以及 IYC2011 化學年活動參加證明。

（2011 年 1 月號）

參考資料

1. Wright, T., Garcia-Martinez, J. Water: A Chemical Solution. A Global Experiment for the International Year of Chemistry, *Chemistry International*, vol. 32（5）:3, 2010.
2. 國際化學年網站：http://www.chemistry2011.org/about-iyc/introduction
3. 全球化學實驗網站：http://www.iupac.org/web/ins/2010-011-1-050

至弱莫若水 至強莫若水

◎——王文竹

任教淡江大學化學系

生命真奇妙！奇妙之最莫過於醣類、蛋白質、DNA 這些複雜的分子，而這些分子的奧秘又源於其形成時的溶劑，就是水分子了。其中氫原子（H）扮演著關鍵的角色——形成氫鍵。「氫鍵」在化學中非常重要，本文就專門從生命中最重要的水分子談起，看看氫鍵在水中所扮演的重要角色。

奇妙的水

氫在化學元素中的地位是最獨特的，它是第一名，最小最輕，只有一個電子，造就了含有氫之化合物的諸多重要特性（請參閱本書〈我就是第一名——神奇的氫原子〉）。我們先從水說起，它看起來是很簡單的 H_2O 分子，其實又很不簡單。水分子的結構、物性及化性，造就其為複雜生命之源，說它是「生命之湯」也不為過，因為有水才孕育了生命。

水的高沸點

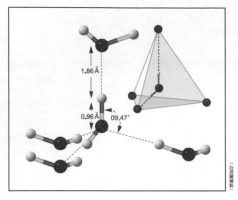

圖一：水分子彼此間形成的氫鍵。冰中每個水分子與其他四個水分子間以氫鍵結合，形成正四面體的結構，就像鑽石，圖中數字為 O－H、H…，以及 HOH 的鍵長及鍵角。

水是自然界中最奇妙的分子。從物質相變化的角度來看，水是自然界中唯一可以在常壓下同時以固相、液相、氣相存在的物質。先看看它的高沸點特性，我們知道會形成強氫鍵的原子有氮（N）、氧（O）、氟（F），所以 NH_3 分子、HF 分子及 H_2O 分子都有氫鍵，但為何它們的沸點分別是-33.5℃、19.5℃及100℃呢？因為 NH_3 只有一個孤對電子-HF 只有一個 H 原子，但水分子有兩個「-OH」及兩個孤對電子，2 比 2 的結果使水分子上下左右都可和另一個水分子形成氫鍵（如圖一），這麼強又多的結合力，使它有 100℃的高沸點。

水的高融點

再看看它的高融點，NH_3、HF 及 H_2O 的融點分別是 -77.7℃、-83.6℃以及 0℃，水的高融點也同樣是因多個氫鍵所造成。水凝固成冰後，因為每個水分子都結合成了四面體的立體結構，彼此堆積撐開成的空間因此大增（如圖二），它的密度大為減小，成為 0.92。冰的密度遠小於液態水，故可浮在水上，冬天時的覆冰，又有保溫

效果，使得冰層下有大量的不凍水，維持恆溫的狀態，才蘊育了生命。另外值得一提的是冰的硬度很高，細看圖一的四面體立體結構，不就像金剛石的一個碳中心的結構嗎？沒錯，冰的結構形狀像金剛石，所以很硬，但它同時又很脆，主因是金剛石以強的「C-C」共

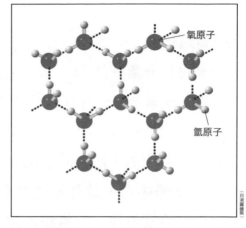

圖二：當水結成冰，水分子彼此堆積形成六角形結構。

價鍵結成，但冰以較弱的氫鍵「OH…O」結合而成，就脆而易碎了，否則我們哪有銼冰可吃。再看看圖二的結構，是不是有個立體的六角形狀，這就是雪花結晶都具有六角形的原因。

水的高密度

為什麼湖泊深處幾乎是恆溫的狀態？為什麼水的密度在 4℃ 時達到最大值 1.00 呢？這也是氫鍵的傑作。從冰的這一端說起，冰化成水後，它的部分氫鍵受熱斷開，當然就撐不起大空間的結構而垮了下來，所以密度由 0.92 往上升；但仍有部份氫鍵彼此連結，就像房子垮了，但仍有些樑柱沒斷。再從沸水的另一端說起，當溫度下降，水分子的動能降低，水跟水的距離變短，也就是分子間靠得更近，密度就會逐漸上升。上述兩個方向都是密度上升，因此當到達 4℃ 時，密度自然達到最大值 1.00。

水的高汽化熱

　　水的分子量只有 18，但它的汽化熱是 539 卡／克，相比起來，乙醇的分子量為 46，但它的汽化熱卻只有 200 卡／克，這麼小的水分子有這麼大的吸熱能力，真是驚人！夏天時，中太平洋受到太陽的強烈垂直照射，把太陽能轉化成上升的水蒸氣，又熱又溼地就形成了低氣壓中心，並且把大量的水，由海洋搬運到陸地，造福生物。若有適當條件，低氣壓再逐漸發展，就形成了颱風，颱風的能量就是由水的汽化所得到的，此時就成了禍兮福所倚，只有做好防颱工作，趨福避禍了。陽光、空氣、水是生命不可或缺的三要素，但我們卻即將面臨全球性的水荒，因而如何對水資源做有效的循環利用，是未來化學家的一個重要課題。

籠狀水及冰

　　冰中很重要的一種結合力就是氫鍵。它既不太強又不太弱，使其結合與分離可以較易進行。它又有一定的方向性，使其結合又可維持一定的結構。在不同的溫度及壓力條件下，冰的結構就會改變，目前就已知有十五種不同的冰的結構，我們常見的冰只是其中一種，稱為 Ice I。例如 Ice VII 的結晶構造是個立方體（cubic）結構（見圖三），存在於凱氏溫度 355 度（355 K）以及 2.21 萬大氣壓（2.21 GPa）的條件下。水是不太容易形成籠狀結構的，因為氫鍵瞬間就斷裂重組，其生命期小於 200 飛秒（1 飛秒＝1×10^{-15}秒）。根據

理論計算及實驗結果，水可以形成環狀結構（H_2O）$_n$，n 可以由 3 到 60，籠狀的水可以有 n= 28 的結構，稱為巴克水（Bucky water），像個C_{60}的結構，更可以有 n = 280 的巨大正二十面體結構，稱為龐狀水（water monster），真像個巨獸，這些水都屬於超分子水（supramolecular

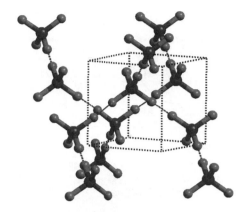

圖三：Ice VII 的結晶構造。

water）。但若有雜質存在，則又另當別論了，因為這個雜質原子或分子可當成個模板，水分子包圍著它較易於形成籠狀結構，且可較穩定地存在，例如 H_3O^+（H_2O）$_{20}$中，就是以二十個水形成正十二面體，包圍著 H_3O^+，另如 $6X \cdot 46H_2O$ 其中 X = Ar、Kr、Xe、CH_4等，也是以二十個水形成正十二面體，再互相連結構成，其中包含了六個中型孔洞及二個小型孔洞，雜質就塞入孔洞之中，再如由 136 個水分子形成的巨大籠狀物，構形中含有八個大型孔洞及十六個小型孔洞，可以包覆更大的分子。我們熟知的甲烷冰就是這些籠狀水結構結成冰所生成，只要海底會冒出天然氣甲烷的地方，就一定有甲烷冰，它普遍存在於海底各處，並不是多稀罕的物質，但開採的難度仍相當高，不易取出。

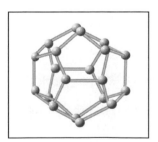

圖四：二十個水分子所形成的正十二面體。

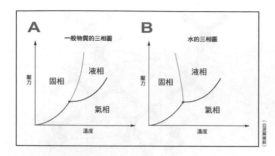

圖五：物質三相圖。（Ａ）為一般物質的三相圖，固相和液相的交界線右傾。（Ｂ）為水的三相圖，固相和液相的交界線左傾。

水的三相圖

水的性質很特別，也可以從它的相圖看出來。物質在一般的條件下都有三相，其圖形就稱為「三相圖」。前文已說過，水是自然界中一般條件下，唯一可以同時看到三種相的物質，真正三相共存的點稱為三相點，水的三相點是在 0.01℃及 0.00603 大氣壓下。一般物質的三相圖如圖五（Ａ）所示，固相和液相的交界線是右傾的，但水的三相圖就不一樣了，如圖五（Ｂ），固相和液相的交界線是個左傾的直線。水的密度大，變成冰後體積大為膨脹，冰在加壓之下，根據勒沙特列原理，就會往體積較小的方向移動，以舒緩壓力，所以就變成水。舉例來說，溜冰鞋的冰刀鋒刃處面積很小，人的重量造成的壓力很大，使冰刀與冰的界面處化成水，這層水膜的潤滑便使溜冰更為順暢。想想看，拿一把水果刀放入冰箱冷凍庫中，不多久就會凍在冰上，把手貼放於冰庫，也會凍結住而拔不起來，因為兩者的表面都有一層水膜，被冷凍而結成冰。附帶一提，金屬表面的吸附力是很強的，表面看起來是乾的，但其實有一層水膜，以水壺燒開水時，注意剛點火後水壺外表的霧狀變化，就可知道了。

（2011 年 3 月號）

誰能複製完美琴音？
——歷時兩百年的另類口水戰

◎──葉偉文

任職臺灣電力公司

為什麼史特拉底瓦里的小提琴動輒上百萬美元？因為它發出的琴音舉世無敵。為什麼它的琴音這麼完美？這就是個長達兩百年的解謎過程了。

古人說「工欲善其事，必先利其器」，許多技藝的表現，都深受所用工具的影響。以小提琴家的演奏為例，表演的效果絕對和表演者所用的小提琴有關。但什麼才是最好的小提琴？一提到這個問題，不同的製造人依據不同的理論，往往吵得殺聲震天。我們的社會經常出現頗具爭議性的問題，如殺蟲劑、化學肥料、基因改造食物或人工甘味素，贊成與反對雙方經常提高分貝吵得面紅耳赤。但和小提琴的優劣爭執相比，前面那些爭論只像是小孩子在遊戲間鬥嘴而已，小提琴的優劣可是引發物理、化學與傳統這三個領

ANTONIO STRADIVARI
Luthier
1644✝1737

安東尼奧・史特拉底瓦里（圖片來源：維基百科）

域，長久之間互相的情緒性爭執。

在這些不同的陣營裡，至少存在有一個共識——製琴師要奪取聖杯，就必須製出能與十八世紀義大利克里蒙納（Cremona）地區的巧匠所製出來的名琴相匹的小提琴。其中最為著名的如史特拉底瓦里（Antonio Stradivari）和瓜奈里（Giuseppe Guarneri *del Gesù*）等大師製作的小提琴，這些名琴目前只有上百具存世，多數身價都高達數百萬美元。據小提琴家描述，演奏史特拉底瓦里琴是一種神聖的經驗，遠非演奏現代的小提琴所能比擬。史特拉底瓦里的小提琴，音色絕妙，至今無人能及。傳說他在製作小提琴的時候，有天使降臨助他一臂之力；有人說，他製琴的材料，取自教堂的橫樑，也有人說他的木材浸過特殊的溶液，但這些都是沒憑據的說法。史特拉底瓦里小提琴的奧祕大家都苦思不解，幾百年來，很多人都想破解其奧祕，誰將可能成功呢？

塗漆是關鍵的「化學派」

在許多學說見解中，大約可以歸納出兩方面的原因。第一派的見解認為答案在油漆上。1902 年，英國希爾（Hill）兄弟出版了一本

書——《史特拉底瓦里的一生與工作》（*Antonio Stradivari: His Life and Work*）。書中指出，名琴的祕密是在琴身塗漆的特殊配方，因為史特拉底瓦里琴身結構與木材來源，經過分析測量之後，並沒有什麼特殊之處，後人都可以仿造。剩下的部分只有漆料，可惜史特拉底瓦里漆料的配方並未留下資料，留給後人許多探討的空間。

但後來的研究顯示，塗漆對小提琴的振動並沒有什麼助益。1968 年，物理學家史歇林（John C. Schelleng）指出，上漆對小提琴面板的振動，反而有不利的影響。他認為上漆只有保護及美觀的效果，關鍵是越少越好。

然而有些史特拉底瓦里琴，表漆雖已大量脫落但音色依然脫俗，因此便有人認為表漆好像沒什麼影響，表漆下的底漆可能才是關鍵。底漆會滲入木材，有可能影響到木材的成分。史特拉底瓦里琴的權威專家薩科尼（Simone Fernando Sacconi）在《史特拉底瓦里的祕密》（*The "Secrets" of Stradivari*）書中表示，分析史特拉底瓦里琴面板材質之後，化學家發現面板塗有一層含矽及鈣的底漆，這些元素會滲透進琴板裡，填塞了木材組織間的空隙，具有硬化作用。木材的硬化可促進琴板的振盪，增加振盪靈敏度和音響的反應，使得史特拉底瓦里的琴板又薄又堅固，並兼具防水功能，即使外層的面漆脫落，亦無損於琴音的音質。

薩科尼進一步的探討，古義大利有在漆裡添加葡萄藤灰的作法。而灰裡含有矽及鈣，可能就是漆內含此元素的原因。薩科尼是提琴維修專家，幾乎見過所有存世的史特拉底瓦里琴，還修護過其

中大部分的琴，因此他的研究應該是具有相當的可靠性。

美國德州農工大學退休教授納吉瓦里（Joseph Nagyvary）也認為史特拉底瓦里名琴的奧祕應該是在於使用的木材與塗料的化學特性，而非另一批專家所認為的音箱物理特性。當然他也承認小提琴的音箱構造有其重要性，但絕非美妙琴音的關鍵因素，因為就算可以準確地依照原古老名琴的尺寸與重量，複製出幾乎完全一樣的新琴來，但卻無法複製原琴的美妙琴音。

納吉瓦里從史特拉底瓦里名琴上，取了一些碎片去做電子顯微鏡攝影和 X 射線光譜分析，發現在木材裡有些真菌類的痕跡，而且似乎這些材料曾經浸泡在海水裡一段很長的時間。推測可能在史特

位於義大利北方的克里蒙納，在十七至十八世紀是製造小提琴的重鎮。

拉底瓦里時代，原木都是利用河道順流而下抵達亞德里亞海，木材在泡水的過程當中，吸收了水裡的微量礦物質，改變了特性。納吉瓦里也在木材裡發現了硼和鋁，因此他假設可能是當年使用硼砂與明礬來為木材作防腐處理的結果。此外，他還發現史特拉底瓦里使用了某種植物成分來作表面塗料，可能是瓜爾膠再摻了玻璃與其他礦物質的粉末。因此，根據納吉瓦里的說法，史特拉底瓦里名琴的美妙聲音，關鍵在於為木材作防腐處理與上漆的無名化學家。

納吉瓦里教授花了三十年，實驗了各種不同的配方，終於得到滿意的成果，聲稱可以將美妙的琴音再現。他製作了一些高價的小提琴，價位在 1 萬 5,000 美元左右。但是納吉瓦里受到很多小提琴製造商及代理商的攻擊，這些人一方面認為受到威脅，另一方面是生氣居然有人認為偉大的琴藝家史特拉底瓦里不了解自己做的琴為什麼會那麼好。

結構最重要的「物理派」

另一派則從小提琴的發聲原理入手。小提琴的聲音是這樣產生的：琴弓摩擦琴弦，使琴弦產生振動，這股振動會透過琴橋與音柱，使小提琴的腹板與背板一起震動而發出聲音。

哈金斯（Carleen Maley Hutchins）本來是一位中學的科學教師，退休後她決定獻身於製造小提琴這門古老的工藝技術。其實她最想要的還是發掘這門工藝背後隱藏的科學原理，她和哈佛大學的物理學家桑德斯（Frederick Saunders）合作了近二十年，研究小提琴音箱

產生的振動。

　　哈金斯把聖誕節裝飾用的亮粉，灑在預備做小提琴音箱的表板和背板上，然後用電子發生器來使木板產生振動，研究亮粉的振動模式。她的結論是，悅耳琴音的關鍵在於音箱木板的質量與厚度，以及音箱內部「低音樑」與「音柱」的位置。不僅如此，根據哈金斯的研究，小提琴拉的次數越多，發出來的聲音越好聽。她認為經過數十年的振動後，音箱木頭的結構會改變，改善共振品質，因此她嘗試把做好的小提琴先放在音樂室裡，暴露在古典音樂的樂音裡約一千五百小時後才銷售。她認為這些小提琴使用百年左右，音色應該會接近史特拉底瓦里名琴。哈金斯做的小提琴價位與納吉瓦里琴在伯仲之間，但她也常受傳統派人士的冷嘲熱諷，認為科學家不應把手伸進傳統的藝術領域裡。

　　說到木材的材質，還有一段插曲。美國哥倫比亞大學的古生物學家柏克爾（Lioyd Burckle），和田納西大學的樹木年輪學家桂西諾梅耶（Henri Grissino Mayer），2003 年在《樹齡學期刊》（*Dendrochronologia*）上發表論文。他們發現史特拉底瓦里生於歐洲「小冰河期」的前一年，因此認為小冰河期與史特拉底瓦里的琴音可能大有關係。

　　歐洲這段小冰河期是從 1645 年到 1715 年，在這七十年間，太陽上幾乎沒有出現黑子。由於太陽的活動力減弱，使得歐陸出現明顯的低溫，微弱的日照減緩了暖空氣從大西洋上空飄移至西歐的速度，導致往後數十年的潮溼氣候，也使阿爾卑斯山上的樹木生長緩

慢；再加上當地土壤的特質、溼度與坡地等環境，致使樹木長出更強韌、更堅固的材質。高密度木材的細胞壁較厚，共鳴能力比細胞壁薄的木材好很多，音質也較佳。而這段小冰河期，正是義大利克里蒙納地區製琴技術的黃金時期，此時的大師如史特拉底瓦里、瓜奈里、瓜達尼尼等人，從阿爾卑斯山區精選雲杉來製作小提琴的面板，所製作的小提琴音色優美，迄今無人能及，可能就是小冰河期的功勞。

另類塑膠小提琴

最後還有一項令傳統小提琴眾聽了幾乎要發狂，離經叛道的小提琴製作法。馬加法利（Mario Maccaferri）本來是個傳統的樂器製造商，製造吉他和小提琴。1939 年馬加法利到紐約去看世界博覽會，被會中出現的新穎塑膠材質迷住了，因此在第二次世界大戰之後，便設法弄來一套聚苯乙烯的射出成型設備。他先靠製作塑膠衣夾賺了些錢，接著製作夏威夷的四弦琴「尤克蕾里」，正式進入塑膠樂器行業。這種塑膠製的四弦琴後來經由藝人戈弗雷（Arthur Godfrey）在電視節目裡介紹，開始聲名大噪，賣出好幾百萬把。

接下來，馬加法利就開始製作塑膠吉他和塑膠小提琴。由於這種合成材料的小提琴，音質比不上傳統小提琴，因此一流的演奏家很少使用。但這種全新材料已經進入小提琴的製造領域了，目前最新使用的為碳纖維材質。有些專家預言，由於合成材料能精密鑄造，最後一定能做出非常傑出的樂器。

截至目前為止，在這場小提琴的製造競賽中，似乎是由化學派的納吉瓦里暫時取得領先。德州農工大學辦過一場琴藝評選，邀請一位世界級的小提琴演奏家，分別用納吉瓦里琴和史特拉底瓦里琴演奏，並把聽眾及演奏家用簾子隔開，而受邀的專家和聽眾，都覺得納吉瓦里琴的樂音略勝一籌。所以看起來化學分析琴漆可能的確是名琴優美音色的關鍵，但兩、三百年後，是否會有更多其他的學說，就不得而知了。

（2010 年 8 月號）

從分析化學看義大利名琴塗漆
——價值兩千萬美金的祕密

◎—戴桓青

任職美國哈佛大學醫學院

音樂廳裡的掌聲響起，小提琴大師又一次完美地演繹了經典名曲，臺下如癡如醉的觀眾，總是對大師手中的那把小提琴感到無限好奇。到底是什麼樣的樂器，可以發出這樣的天籟呢？

世界一流的小提琴家，所使用的樂器大部分都出自兩位大師之手：安東尼奧·史特拉底瓦里（Antonio Stradivari）或是耶穌·瓜奈里（Giuseppe Guarneri *del Gesù*）。幾個世紀以來，製作小提琴的人不計其數，但這兩位名家的作品，在音色與價值上仍然是無與倫比的。而兩個人恰巧又是鄰居，住在義大利北方叫做克里蒙納（Cremona）的小城，而且都師承於阿瑪蒂家族的製琴工藝。克里蒙納的第一位製琴大師安德烈·阿瑪蒂（Andrea Amati），是現代小提琴的發明者之一，傳承到十八世紀初，克里蒙納的製琴工藝達到

了顛峰，可是在 1750 年以後就迅速沒落。相傳這是因為克里蒙納的製琴師曾經擁有的獨門祕訣後來失傳了，而這正是今天的我們想用科學方法探討的。

克里蒙納名琴的祕密，到底是什麼呢？十九世紀最有名的小提琴專家——英國的希爾（Hill）家族，認為祕密既不是木材也不是結構，而是塗漆（varnish）。二十世紀最偉大的提琴修復家——薩科尼（Simone Fernando Sacconi）也認為祕密在塗漆。兩百年來，非常多人醉心於小提琴塗漆的研究，為的就是破解克里蒙納之謎，也經常有人出書或發表文章，宣稱自己找到了塗漆的失傳祕方。公說公有理，婆說婆有理，這樣爭論了兩百年，但是連一些最基本的問題，例如名琴上的塗漆，到底是慢乾的油性漆（oil varnish）還是快乾的酒精漆（spirit varnish），都沒有辦法確定。時至今日，仍然沒有一個製琴師能夠與史特拉底瓦里在質與量上匹敵，也沒有人能從歷史文獻中找出克里蒙納失傳的祕訣，因此我們需要借助科學研究來幫忙解答。

到了近代，開始有科學家用分析化學的技術來研究名琴塗漆成分，得到了一些新的觀察與理論。可是這些所謂的科學證據，也經常互相矛盾，讓小提琴界的人士感到疑惑。我在攻讀博士的時候，因為想買一把新的小提琴，無意間接觸了這個問題以後也感到困惑，於是發揮了研究生的精神，大量蒐集相關科學文獻，在美國小提琴協會幾位人士的鼓勵之下，撰寫了這個領域兩百年來第一篇的科學性綜合評論，發表在美國小提琴協會的學術期刊上。相信許多讀者，在參觀奇美基金會傲視全球的名琴收藏後，也對義大利小提

琴的祕密相當有興趣。這篇短文希望能給大家介紹，化學分析如何幫助我們揭開名琴塗漆的奧祕；至於背後的科學考證歷程，在我的綜合評論中則有詳盡的探討。

油性漆還是酒精漆？

透過分析化學，科學家首先解答了塗漆到底是油性漆還是酒精漆的問題。藉由氣相層析儀與質譜儀分析，明顯可見名琴塗漆富含不飽和油脂（亞麻仁油或核桃油）與萜類樹脂（terpene resin）。這代表樹脂是溶在油畫所用的乾性油（drying oil）之中，而不是溶在酒精中，所以是油性漆。多元不飽和脂肪酸在氧化的過程中，會在碳－碳雙鍵之間產生自由基的聚合反應，乾燥後是不溶於酒精的，但是數百年之內仍會持續氧化而造成分解，反而變得可溶於酒精。所以，有些人在舞會上不小心將烈酒打翻，潑到名琴上而造成塗漆溶解，就以為那是酒精漆，其實是錯的（還有一個造成誤解的原因是：1750 年以後，小提琴上的油性漆普遍被酒精漆所取代）。

酒精漆與油性漆

小提琴的「塗漆」，英文叫 varnish，字義是一種液態的塗料，乾燥後會形成透明的保護膜。塗漆在義大利文叫 vernice，來自拉丁文的 vernix 或 veronice，原意是琥珀。琥珀是樹脂的化石，而樹脂的主成分是萜類的化合物（terpenoids），屬於疏水性（hydrophobic）的物質（圖 A）。樹脂是樹木自我保護的分泌物，當樹

受傷以後，黏稠的樹液流出來，遇到空氣凝固成樹脂，可以保護傷口，因此古人也想到用樹脂來保護美術工藝作品。天然的樹脂含有揮發性的植物精油做為溶劑，精油揮發之後，就變成固體。將固態的樹脂溶解在酒精或植物油之中，可以當做塗料，也就是所謂的酒精漆與油性漆。

　　酒精漆只要等酒精揮發就會固化，因此快乾易用。而油性漆所含的植物油不會揮發，其乾燥過程是一種緩慢的氧化反應；藉由氧化作用與自由基反應，不飽和脂肪酸（帶有碳－碳雙鍵）之間會形成共價鍵而變成高分子聚合物。只有富含多元不飽和脂肪酸（一個脂肪酸帶有二或三個雙鍵）的油，才能完全聚合成穩定的固體，這樣的油也因此稱為乾性油。歐洲傳統上使用的乾性油有亞麻仁油、胡桃油與木麻油（hemp seed oil），而油畫的原理就是把顏料混入前兩者，連達文西的手稿都有提到怎樣用胡桃榨油會比較適合油畫使用。而史特拉底瓦里曾經寫信提到，小提琴上漆之後要曬太陽才會乾，這是因為紫外線照射會加速自由基反應，也由此可見他的確使用了油性漆，而且他也在油性漆中加入了鉛與鐵來加速聚合反應（圖B）。

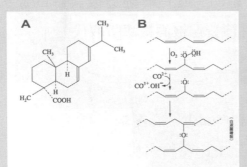

圖A：松脂酸（abietic acid）是松脂中富含的一種雙烯（diterpene）。圖B：不飽和脂肪酸有許多聚合反應途徑，這裡顯示的是由金屬（鈷、鉛、鐵或錳）來催化的途徑之一。

透過氣相層析，目前名琴塗漆裡發現的樹脂包括松香脂（rosin）、威尼斯松香脂（Venice turpentine）與乳香脂（masitic），這些都是當時歐洲工藝中常用的素材。不過在樹脂分析上仍有相當多的技術困難，可能還有些成分未被發現。而名琴所呈現的黃橙色或紅棕色，則來自各種顏料的混合使用，目前已發現的顏料有紅色的氧化鐵、棕土（氧化鐵與氧化錳）、靛藍（indigo）、朱砂（硫化汞）、雌黃（硫化砷）、碳黑、胭脂蟲紅沉澱色料（cochineal lake）與茜素沉澱色料（madder lake）。在圖一，我們可以看到史特拉底瓦

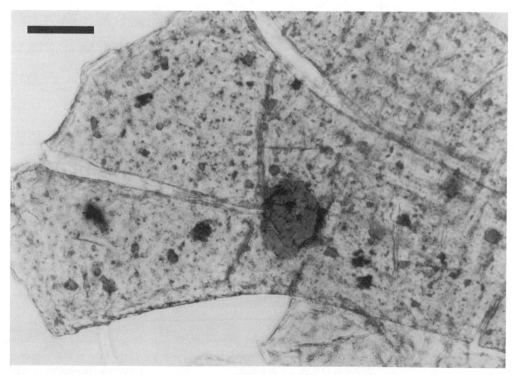

圖一：光學顯微鏡下的史特拉底瓦里塗漆。左上的比例尺代表 50 微米。

里的塗漆含有大小不一的顏料顆粒。有時候，小提琴塗漆採用類似油畫的多層透明上色法（glazing），製造出特殊的顏色層次感還有深度（圖二）。

發現奈米級礦物微粒

　　令人十分驚訝的是，將史特拉底瓦里的塗漆碎屑放在電子顯微鏡下觀察，有些時候可以看到許多細微的礦物粉末。其中最引人注意的一張電子顯微鏡照片（圖三），顯示出這些微粉的直徑相當均勻且分布在200奈米左右，這比自然界正常存在的細沙還小很多，我們推測這些粉末是人工研磨而成，並且進一步經過分離，篩選出粒徑特別小的。沒有人知道十七世紀的義大利工匠怎麼會擁有這種奈米科技，但是奈米微粒的確可以不著痕跡地改變塗漆性質。透過能量色散 X 射線分析，我們發現這些礦物包含碳酸鈣、硫酸鈣、二氧化矽與鉀長石，它們的共通性是折射率在 1.55 附近，與木頭、植物

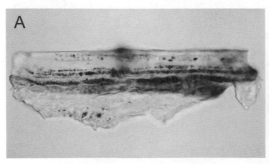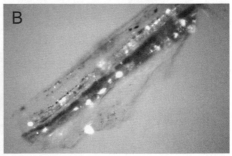

圖二：史特拉底瓦里塗漆的橫切面。（A）在一般光學顯微鏡下的照片。（B）加上正交 偏光鏡以後觀察到的影像。新增加的顏色是由干涉現象造成，並非實際的顏色，稱為干涉色（interference color），是因為塗漆內含有異相性晶體（anisotropic crystal）而產生。

油與樹脂的折射率都很
接近，可以盡量減少散
射，保持整體塗漆的透
明度，讓美麗的木頭紋
路顯現出來。

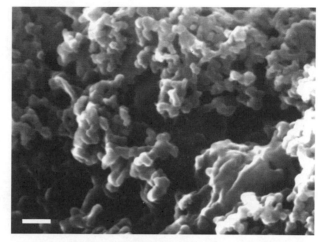

顆粒越小的礦物粉
末，越不容易因為顆粒
的散射造成視覺上的混
濁，就像小小的鏡子一
樣有反光的效果，可以

圖三：電子顯微鏡下的史特拉底瓦里塗漆。左下的比例尺代表 1
微米。圖中的礦物粉末已屬於奈米材料。

讓油性漆增加光澤，而且硬度也因此提高。過去就算利用光學顯微
鏡，我們最小也只能看到 1～2 微米的粉末，所以說還沒有用電子顯
微鏡觀察之前，完全沒有人看到也沒有人想過義大利小提琴上竟然
有奈米微粉。

比塗漆更重要的底漆

不少史特拉底瓦里小提琴的彩色塗漆相當容易剝落，如果仔細
觀察就會發現，剝落之後露出來的並不是木頭纖維的原始表面，而
是一層略帶金黃色的透明塗料。這層透明塗料，被稱作底漆
（ground）。許多人認為底漆才是名琴的祕密所在。修琴與製琴大師
薩科尼發現，很多史特拉底瓦里名琴的彩色塗漆完全剝落之後，由
後人補漆，並不影響聲音。而歐洲別的地方製作的小提琴，同樣經

過兩三百年，聲音並不會越來越好，反而越來越黯淡，很可能是木頭的細胞結構鬆弛所致。薩科尼覺得，因為底漆給木板帶來了「骨化」的作用，讓史特拉底瓦里小提琴聲音特別嘹亮，且不會隨著時間而鬆弛消失。

女高音般的穿透力

史特拉底瓦里琴的聲音特色，就是高音部分近聽極為嘹亮，遠聽則甜美扣人心弦。想像一個女高音引吭高歌，要是站在旁邊，可能會承受不了，但是進了音樂廳，她的聲音卻特別有穿透力，在音樂廳良好的迴響效果襯托下，顯得甜美無比，而且就算背後有合唱團伴唱，也很容易聽到。名琴的穿透力也有異曲同工之妙，就算有幾十把小提琴在伴奏，獨奏家手上的名琴，還是能凌駕眾琴之上。經過科學家分析，平常的人聲，在 3,000 赫附近的共鳴不強，但是人耳聽覺最敏銳的就是這一頻段（尖叫聲也是這個頻率）。女高音經過特殊練習，聲帶在這一頻段共鳴特別強，而史特拉底瓦里名琴也一樣，所以特別容易被聽見，而一般小提琴在這一頻段的共鳴則不強。此外，1,500 赫附近的共鳴聽起來像鼻音，史特拉底瓦里小提琴在這頻段的共鳴特別弱，假如這個頻段的共鳴太強，小提琴的聲音聽起來就會像暗沉的中提琴。

要怎麼樣使木頭做出的小提琴發出清脆的高音呢？我們知道，木製湯匙敲起來的聲音沒有金屬湯匙響亮，假如讓木頭變得更硬，就可以發出更多高音。根據薩科尼的推想，底漆可以增加木頭表面

的硬度，也會讓小提琴聽起來更響亮。自從薩科尼在 1970 年代發表此理論以後，很多小提琴界的人士開始特別研究底漆的成分與作用。

底漆的成分

用電子顯微鏡來觀察，好幾個實驗室都分別發現了部分名琴的底漆富含礦物粉末，像是史特拉底瓦里（圖四）以及瓜奈里（圖五）名琴，都含有礦粉底漆。儘管發現了名琴底漆中的礦物成分，但是把粉末黏在一起的有機媒介劑的成分卻很難分析，因為它的溶解度很低。這些有機媒介劑看起來像是以乾性油為主成分，而不少

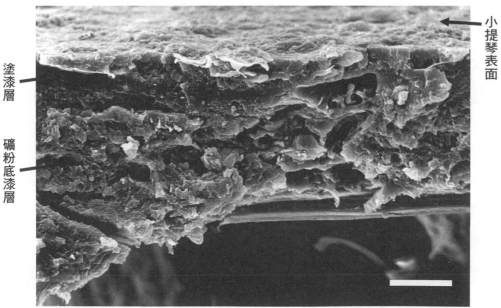

塗漆層

礦粉底漆層

小提琴表面

圖四：電子顯微鏡下的史特拉底瓦里小提琴塗漆的橫切面。可以清楚地看到表漆與含有許多顆粒的底漆。下方是楓木的細胞。右下的比例尺為 30 微米。

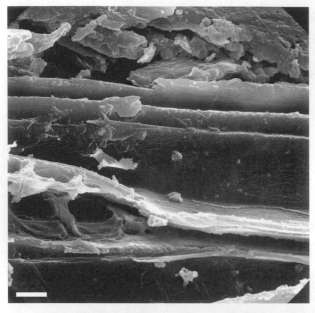

圖五：電子顯微鏡下的瓜奈里名琴底漆。此琴為朱塞佩·瓜奈里
（Giuseppe Guarneri *filius* Andrea）在 1690 年所製。照片下方為
木頭細胞，上方為礦粉底漆。左下方比例尺代表 5 微米。此照
片由納吉瓦里教授於 1978 年發表在美國小提琴協會會誌，首次
揭露了克里蒙納塗漆內含的礦物粉末。

人認為其中可能添加了琥珀；琥珀是一種樹脂的化石，硬度比所有的樹脂都高。此外，為了使油性漆更堅固，底漆中也有可能加入了蛋白質，形成一種乳化液（emulsion）。化學分析目前只能證明名琴塗漆中含有少量蛋白質，是什麼種類與如何分布仍不甚明白。

我們目前可以合理地猜測，史特拉底瓦里的底漆應是由乾性油、某些樹脂與蛋白質組成的乳化液，加上礦物粉末的複合塗料。而名琴底漆的礦物粉末，大致包含碳酸鈣、氧化矽與鉀長石，其折射率與油性漆相近，直徑約在 0.5～2 微米之間，所以在光學顯微鏡下不易被觀察到，肉眼更是察覺不出。一直要等到科學家用電子顯微鏡來觀察，人們才恍然大悟原來名琴底漆的硬度是因為添加了礦物粉末，也符合薩科尼當初提出的木頭表面「骨化」的理論。

總結來說，藉由化學分析，史特拉底瓦里的彩色表漆成分，已

經大致被闡明，基本上與油畫的原理類似。近年來專家認為這一層表漆只是增加美感，對音色影響不大。而底漆則能顯著地影響聲音，但其中的媒介劑因為溶解度太低很難直接分析，所以我們對於它的有機成分還是了解有限。由間接證據推測，應該是含樹脂的油性漆與蛋白質形成的乳化液，乾燥以後相當堅硬，再加上礦物細粉，形成了義大利名琴的獨特底漆。

底漆之下　還有密封漆？

還有一個懸而未決的問題，是塗上底漆之前，木頭表面是否有經過特殊處理？兩位歐美小提琴界的漆藝家曾經分別跟我說，他們觀察到礦物底漆剝落後，裸露出來的也不是原本的木頭纖維，而還有另一層密封漆（sealer）保護著。到目前為止，我們並沒有直接科學證據顯示密封漆是否存在，也不知道其成分。因此我們對名琴塗漆的了解仍然不完整，還有待更多的科學分析來解密。

小提琴的歷史與價值

小提琴的發明，雖然沒有很明確的歷史軌跡可循，但一般認為是在 1500 年左右，於南歐的義大利或法國一帶創造出來的。由於中古時代歐洲就有各種提琴類的樂器，形狀不斷演進，也很難定義誰做出了第一把小提琴。現存的古樂器中，擁有現代小提琴的形狀，而且演奏起來很好聽的，可以追溯到安德烈‧阿瑪蒂在 1550 年左右的作品。我們可以說，他是現代小提琴的規範制定

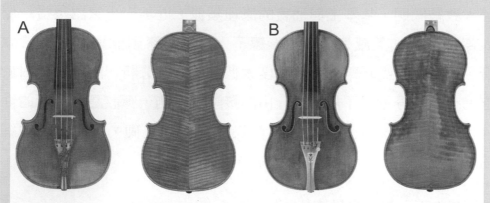

圖 A：史特拉底瓦里在 1703 年所製的小提琴，暱稱為「哈姆斯沃斯夫人」（Lady Harmsworth）。
圖 B：耶穌・瓜奈里在 1742 年所製的小提琴，暱稱為「韋尼奧夫斯基」（Wieniawski）。小提琴的正面是挪威雲杉（Norway spruce, *Picea abies*）、背面是楓木（通常是 *Acer platanoides* 或 *Acer pseudoplatanus*）。克里蒙納常用的雲杉來自義大利的阿爾卑斯山，而如圖所示的火焰條紋楓木通常來自巴爾幹半島。

者，而且作品廣為流傳而被模仿。阿瑪蒂家族在克里蒙納總共出現了三代的製琴大師，然後再由第三代授藝給安東尼奧・史特拉底瓦里還有安德烈・瓜奈里（Andrea Guarneri）。瓜奈里家傳到第三代，在耶穌・瓜奈里手中達到顛峰，克里蒙納也成為了公認的小提琴故鄉，見證了小提琴的誕生到登峰造極。兩百年來，針對歷史上最偉大的製琴家的頭銜，支持瓜奈里與史特拉底瓦里的兩大陣營總是相爭不下。

小提琴從阿瑪蒂的時代到今天，其實沒有什麼改變，也意味著近兩百年我們不但沒有改進小提琴，甚至還無法重現當初克里蒙納的工藝水平。除了以上三大家族，在 1550～1750 年之間，克里蒙納還有不少其他的製琴師，他們作品的價格到了現在也都水漲船高、價格不斐。

兩個世紀以來，頂尖的小提琴家，大多都以史特拉底瓦里或耶穌・瓜奈里的小提琴為主要樂器。有這樣的背書，大家都公認這兩位就是最偉大的製琴師。但是名琴的聲音到底好在那裡，還是眾說紛紜。以前大家覺得史特拉底瓦里的琴音響亮而甜美，瓜奈里的琴音雖然也有響亮的高音，但在中音域比較陰沉渾厚。後來大家的想法比較科學化，有人會從聲音頻譜來分析（不過問題在於好不好聽沒有科學數據來衡量），有人會安排單盲測驗來比較歷史名琴與出色的現代琴（結果歷史名琴也沒有比較受聽眾青睞），也有人覺得名琴好聽只是聽眾與演奏者的心理作用。不過，世界上頂尖的小提琴家，還是最喜歡用兩位大師的名琴是不爭的事實，而現代頂尖的製琴師，沒有一個不將兩位大師當作崇拜與鑽研的對象。簡單的說，這兩位大師的作品，就是有魔力吧。

　　雖然耶穌・瓜奈里的傳世作品還有將近兩百支小提琴，而史特拉底瓦里約有五百支，但是保存狀況良好的不會超過四分之一，屬於此等級的琴，拍賣價格應該可以達到兩百萬美金以上。其實決定小提琴聲音的是正反兩面木板（正面是雲杉 *Picea abies*、背面是楓木），其他部分可以換掉無妨，也就是說一片密（而這個祕密並不是琴齡）。由於歷史名琴只會因遺失或損壞而越來越少，隨著愛樂人士越來越多，供需失衡，收藏家與投資者的興趣也越來越大。全世界最可觀的義大利名琴收藏，其實就在臺灣的奇美基金會，要研究義大利小提琴，去臺南走一趟可能不會輸給

去義大利。

　　至於史特拉底瓦里與瓜奈里一時瑜亮，到底誰比較厲害，還真的很難說。當時史特拉底瓦里的名聲較大，很多王公貴族會跟他下單訂購，讓他荷包滿滿。可是小提琴之神帕格尼尼（Niccolo Paganini）最鍾愛的琴是 1742 年瓜奈里的名琴「加農砲」（Il Cannone），「加農砲」在他手中威力無窮，也把耶穌・瓜奈里提升到了近乎神格的地位。根據我私下觀察，雖然史特拉底瓦里在今日依然名聲較大，但是覺得瓜奈里的音響成就更高更難複製的小提琴專家似乎比較多一些。

失傳的工藝

　　我們在名琴塗漆裡已經發現的成分，都是當時常見的工藝材料，沒有特別的祕密。不過其中的礦物細粉，雖然都是常見的礦物，直徑之小卻是出乎意料，甚至已經屬於奈米科技。十七世紀的美術工藝用品是由藥房（apothecary）來販售的，製琴師應該也是在那裡買到礦物粉、樹脂、乾性油與顏料。克里蒙納的製琴大師，把當時常見的工藝材料，做了巧妙的組合運用，製造出獨特而難以模仿的塗漆，其中的手法與程序似乎相當複雜。當時的製琴工藝是師父與學徒之間口耳相傳，而製琴師本身識字程度也不高，沒有留下文字紀錄實屬正常，也因此很容易就失傳。

　　很巧的是，中國古琴的底漆，也是由大漆（一種天然的乳化液）與鹿角灰（主成分是礦物質與蛋白質）混合而成，在組成上似

乎跟克里蒙納的底漆有異曲同工之妙。清朝以前的名貴古琴，大多是用這種底漆，非常堅固耐用，所以唐代與宋代傳世的千年古琴，還可以公開演奏的仍有幾十把；而現存最古老的小提琴也只不過是十六世紀中葉的阿瑪蒂作品，對應的是中國的明琴。到了清朝以後，不知為何鹿角灰普遍被瓦灰取代，造成底漆日久容易龜裂剝落，音色也較差。由此可見，底漆的成分，對於小提琴或是古琴的音色與保存都有很大的影響。

在研讀歐洲美術史後，我又進一步發現，義大利名琴塗漆的消失，跟中國的漆器傳入歐洲有極大關連。當中國與日本的漆器傳入歐洲後，非常受到王公貴族歡迎，他們把中國的進口家具拆解重製成歐式家具，甚至還有些家具經由海運送到中國上漆，再千里迢迢送回歐洲。在義大利，他們把這些漆器上的漆稱之為「中國漆」（vernis de la Chine），讚歎其美麗耐用、防蟲防水。十六到十八世紀，歐洲很多工藝家，一窩蜂地想複製中國漆，嘗試了各種配方，掀起了一股風潮。由於大漆的性質特殊，原料無法長途運送，而歐洲又沒有漆樹，當然不能成功複製，只弄出了很多的仿冒品。其中模仿得最像的，是將蟲膠（shellac）溶在酒精裡的快乾漆。

在英國，塗漆這門工藝，直接改稱為 japan，當時歐洲最暢銷的漆藝手冊，書名便是 A *Treatise of Japaning and Varnishing*（1688 年在倫敦出版），連給人照描的附圖都是日本鶴與日本塔等，不過裡面的日本漆配方也是唬弄人的蟲膠酒精漆。相對於油性漆需要費時的氧化步驟才會完全固化，酒精漆與植物精油的漆（essential oil varnish）只需等溶劑揮發就會固化，使用起來方便很多。十八世紀的歐洲正要進入工業革命，蒸餾技術進步，高純度酒精與精油的供應量大增，在供需都增加的情況下，酒精漆與精油漆漸漸在美術工藝上取代了油性漆。一份 1747 年在克里蒙納編撰的塗漆配方手稿，顯示當時的油性漆已經普遍被遺忘，更沒有提到任何類似史特拉底瓦里所使用的塗漆。一直要到最近，失傳的克里蒙納塗漆才在科學方法研究下，逐漸被解密。我們希望各地的提琴收藏家能進一步與化學家合作研究，重現名琴的工藝，造福更多現代的愛樂者。

後記

　　小提琴製作是個高度競爭的行業，資訊很少公開，大部分的知識是密而不宣的。可能因為我是圈外人，撰寫文章等於是做義工，才有幸得到歐美非常多小提琴界專業人士與愛好者私底下的慷慨協助，幫助我拼湊出現今小提琴塗漆研究的完整面貌。透過網路，曾與我意見交流的人士很多，在此只能對其中一小部分表達感謝之意。

　　首先我要感謝世界上研究小提琴材料的三位頂尖專家，美國德州農工大學的納吉瓦里（Joseph Nagyvary）教授、法國音樂城（Cité de la musique）音樂博物館的厄察特（Jean-Philippe Echard）博士、與英國劍橋大學的巴洛（Claire Barlow）教授，他們跟我分享了很多研究成果與意見。感謝歐美小提琴界著名的漆藝家帕丁（Koen Padding）與羅布森（Joe Robson），與我分享了寶貴的心得。世界製琴

大師伯吉斯（David Burgess）給我的意見與鼓勵也是彌足珍貴，也感謝美國小提琴協會幾位核心成員還有小提琴討論網站 maestronet.com 的網友不吝指教。雖然我們每個人對於名琴塗漆的理解都不盡相同，對史特拉底瓦里的祕密也有不同的詮釋，但是我們都相信，科學研究對於我們理解古代名琴與提升現代製琴工藝同樣重要，希望這方面能不斷地進步。此外，有關科學背景方面，要感謝我的朋友安德魯（Andrew Hsieh）、馬可（Marko Cetina）以及前中央研究院副院長陳長謙教授的指點；我也非常感謝加州理工學院圖書館所提供的資料搜尋服務（連歐洲有些小提琴研究者都對我蒐集到的罕見文獻覺得驚奇）。在這整個過程中，我深深領悟到，二十一世紀的知識進展，實在需要跨領域與跨國界的合作，要大家集思廣益，而不是一昧的個人競爭，才能真正為大眾服務。

中國的古琴與大漆

在各種做塗漆的樹脂中，中國的大漆可以說是最奇特的一種，也難怪歐洲人曾經為它著迷，把自己的傳統油性漆都給捨棄了，也間接造成克里蒙納的塗漆技藝失傳。在中國與日本，漆藝一向被視為國寶藝術。

中國的大漆（也叫生漆），產自漆樹（Chinese varnish tree, *Toxicodendronverniciﬂuum*），我們光看拉丁文的學名中有 toxic，就知道這是一種「毒樹」。漆樹的樹液，主成分是漆酚（urushiol），會使某些人產生嚴重的過敏反應，足以致死。在美國常見

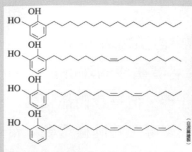

大漆含有 60%的厭水性物質（包括漆酚）、30%的水、7%的多醣、2%不溶於水的醣蛋白，是一種天然的油包水型乳液（water-in-oil emulsion）。圖為漆酚類化合物的化學式。（白淑麗繪）

的毒常春藤（poison ivy, *Toxicodendron radicans*）也是此屬的植物，同樣會分泌漆酚造成過敏，但沒有大漆那麼嚴重。大漆凝固時的化學反應非常複雜而有趣，所以漆藝的工法也可以非常複雜，最主要的步驟是由漆酵素（laccase）來催化雙酚的形成。漆酵素的反應中心含有四個銅原子，可以催化氧化反應，也因此大漆凝固的過程須保持適當的溫度與極高的溼度，來控制漆酵素的活性，需要很好的經驗與技巧。大漆凝固後會變成棕色、不透明、堅韌且防水的保護膜，可保護木頭千年不壞，也不再導致過敏，可以混入碳黑或是朱砂等顏料來改變顏色。歐洲人接觸到中國與日本的漆器之後，非常努力地模仿，可是歐洲沒有任何樹會生產類似的樹脂，所以並不成功。當歐洲人來到中國，最早試圖接觸大漆時，因為不知如何處理，容易因過敏而死亡。他們也試圖將大漆帶回歐洲，但發現大漆在海運中途改就會發生變化，到達歐洲已不可使用，這可能是因為大漆裡面的酵素會不斷地反應而失去活性。對歐洲人來說，中國的大漆

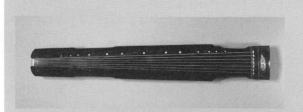

中國南宋時期的古琴「靈峰神韻」。（圖片來源：維基百科）

是神祕而值得敬畏的，是東方的寶藏之一，他們花了約兩百年才終於了解它的來源與性質。

　　大漆堅硬的程度勝過任何植物樹脂，可以保護並幫助木製樂器發出更清脆的高音，戰國時代曾侯乙墓出土的古琴，表面就有紅黑色的大漆。古琴是歷代中國文人最喜愛的樂器，「琴棋書畫」排在首位的便是古琴。史記有記載孔子學古琴的故事，由於孔子與曾侯乙的時代相近，可以想像孔子彈的古琴應該也是上了大漆的。

　　現存最古老而且適合演奏的古琴來自唐代（超過十把），歷史上聲音最受推崇的也是唐琴。唐琴之中最有名的是「春雷」，由雷威在西元八世紀所製（四川雷家是中國第一製琴家族，號稱蜀中九雷），宋徽宗彈過以後讚賞不已，將它列為宣和殿萬琴堂之首。「春雷」到今天仍完整保存在中國收藏家手中，都要歸功於大漆的保護作用。另外還有一把更美侖美奐、裝飾精美的唐琴，則是在西元八世紀被帶到日本宮廷，至今還完好如初地保存著。

（2010 年 8 月號）

參考資料

1. Hill, W.H., Hill, A.F., and Hill, A.E., *Antonio Stradivari: His Life and Work*, repr. of 1902 ed., Dover, New York, 1963.
2. Sacconi, S.F., *The "Secrets" of Stradivari*, Libreria del Convegno, Cremona, 1979.
3. Tai, B.H., Stradivari's varnish: A review of scientific findings-Part 1, *J. Violin Soc. Am.:VSA Papers*, Vol. 21（1）: 119-44, 2007.
4. Tai, B.H., Stradivari's varnish: A review of scientific findings-Part 2, *J. Violin Soc. Am.:VSA Papers*, Vol. 22（1）: 60-90, 2009.
5. Stalker, J. and Parker, G., *A Treatise of Japaning and Varnishing*, J. Stalker, Oxford, 1688.
6. Gheroldi, V. Ed., *Varnishes and Very Curious Secrets, Cremona 1747*, Cremonabooks, Cremona, Italy, 1999.

留住花香

◎──吳淳美

曾任職食品工業所、任教弘光科技大學食品營養系（已退休）

花兒不僅吸引傳粉動物靠近，其香氣也擄獲了人類的芳心；人類將花香應用在各種產品，但究竟人類是用哪些方法，在有限的花期裡挽留這大自然的香氣呢？

世界上的物質成分可分為兩類：一為揮發性成分包括水、氣體及香氣成分等，另一為非揮發性成分，即揮發性成分以外之任何成分，如蛋白質、碳水化合物及礦物質等。一般上述二者是混在一起的，香氣成分含量非常低。

我們感覺到花卉、香草、水果、及咖啡等宜人的香氣，很想萃取及保留它，但是會碰到很多的困難，因為香氣成分可能是溶解於汁液中、被包裹的或有其他的萃取障礙，因此所得到的香氣萃取物回收率可能很低或有些變味；此外，由於香氣成分會散失、起化學反應使香氣變化，導致保留性也可能不佳。雖然在花香的萃取及保

留上有不少困難，但花香還是人類的最愛，所以人類想盡辦法要萃取花中的香氣成分，加以濃縮並妥善保存，以應用於各式產品或任何季節。

雖然目前花香的萃取方法不是那麼地完美，但也許將來會更精進。現今從天然物把香氣成分分離出來的方法主要有二種類型——蒸餾及溶劑萃取法。本文將介紹這些花香萃取法與萃取物的應用。

蒸餾法

原理

所謂蒸餾是對含香氣成分的植物汁液加熱，其揮發性成分受熱後蒸發，把其蒸發氣體導入冷凝管，揮發性成分因為遇冷會從氣體又變為液體，得到蒸餾液。蒸餾液中大部分是水，稱為蒸餾水，也含有香氣成分的凝結液，這層油狀的液體即為「精油」。

一般精油的比重比水輕，所以浮在水液之上，但也有比水重的情況。精油是香氣成分的混合液，其外觀像食用油，如黃豆油，但成分完全不同，黃豆油是不揮發的，而精油是揮發油。

玫瑰花精油是最有名的花精油，玫瑰花素有「花后」之稱，受到很多人喜愛。全世界最有名的是保加利亞的玫瑰花精油，因受地理環境、技術及經驗的影響，所生產的玫瑰花精油最受人類喜愛，售價也很高昂。

香氣成分並不全是油溶性的，水相部分也可能含有香氣成分，

它也是一種商品叫玫瑰水；有很多花卉不含精油，因為所含揮發性成分含量太低，足以形成精油層，假若其香氣成分與香氣力價有相當的強度，可以再用下文介紹的溶劑萃取法加以萃取。但有些植物體香氣力價較低，假如再經溶劑萃取、過濾及溶劑回收等步驟，得到的產物可能香氣成分含量不高，即喪失其商品價值。在這狀況下，其蒸餾液可直接加以應用，有人叫它「醇露」，這是較美化的名詞。

圖一為精油的實驗型萃取裝置，這是精油比水輕的形式：把花卉材料及水放在蒸餾瓶 A 中加熱，加熱後所產生的揮發性氣體到達上端的冷凝管 B，受冷由氣體冷卻成液體，因重力的關係水滴會往下滴；下面的玻璃導管向右傾斜，所以蒸餾凝結液持續進入凝結液儲存槽 C 中。

一次蒸餾至少需二小時，因此有充裕的時間使水與精油分層，一般精油比水輕，所以精油浮在上層。由於蒸餾凝結液持續進

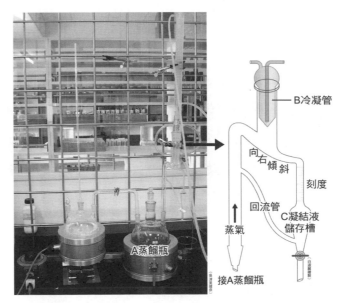

圖一：精油萃取設備。其中，A 為「試料瓶」（即蒸餾瓶）、B 為「冷凝管」、C 為「凝結液儲存槽。

入凝結液儲存槽，所以 C 槽下端有回流管，可讓水液流回蒸餾瓶；若在精油比水重的狀況下，則水回流管即開在上端，而有刻度的精油儲放部位即放在下端。

　　玫瑰花精油的主要成分為香葉醇、香茅醇等共 6～8 種，這些成分不管是天然或人工等級香料單體都可買得到，價格也比玫瑰花精油便宜很多，那為什麼還需要從玫瑰花萃取精油呢？因為玫瑰花精油除了含有這些主成分外，還包含 100～200 種微量成分；由主要成分所調配出的玫瑰花香是低價玫瑰花產品，而由玫瑰花精油所調配成的玫瑰花香是高價玫瑰花產品，這顯示出這些微量成分的貢獻。所以天然物有其價值，並非人工合成品都能完全取代。

缺點與改善方法

　　蒸餾時植物體會受熱，對產物品質會有影響，加熱過程可能使原有的香氣成分分解，或產生新的揮發性成分，這傷害是不可避免的，還好有減輕傷害的方法。水的沸點是 100℃，但是在減壓下沸點會降低，因此植物所受的傷害也會降低。由於花卉受熱時間越短傷害越低，所以最好以高溫短時間加熱或薄膜式加熱取代批式加熱，冷卻也必須要快。精油組成成分有些是耐熱的，如酯類化物；有些是不耐熱的，如不飽和鍵化合物及醛類化合物。一般化學反應是很複雜的，但其中裂解或聚合化反應很重要，它們能使精油產生原本沒有的更小或更大的化合物；因此建議將得到的精油進行第二次的蒸餾純化，捨棄最早蒸餾出來的小分子及最後還未蒸餾出來的部

分，約回收 90～95%，如此一來產品的品質會更好。

特例──冷壓法

含香植物中的香氣成分最好以精油形式儲存，它是不含非揮發性成分等雜質的。通常精油的儲藏性良好，但若其含有相當量的不飽和鍵化合物，例如柑橘類水果精油，其穩定性非常低，就需要冷藏，並且避免接觸到空氣及陽光。一般精油是用蒸餾法製成，但柑橘類水果皮精油是由冷壓法製得。很多人都有剝橘子時精油噴出的經驗，依同樣的原理，橘子汁工廠把橘子切半，把果肉挖走後，將橘子皮刮傷再壓榨，以水沖走後再收集這些汁液，經離心作用即得冷壓精油。柑橘類水果皮精油一定要用冷壓法製得才有好品質，它約含有 90%的不飽和鍵化合物。

溶劑萃取法

原理

所謂溶劑萃取是把含香植物打碎後與溶劑攪拌，使可溶性成分溶出，再過濾去除不溶物，所得萃取液再於適當溫度下把溶劑加熱揮發去除，得到萃取物產物。因為含香植物有很多種，所以每種產品有其特定的名稱。花卉的溶劑萃取物叫「浸膏」，最常被使用的溶劑為石油醚，產物如茉莉花浸膏。石油醚是油溶性溶劑，把浸膏再以水溶性的乙醇萃取，所得產物稱為「淨油」，如茉莉花淨油，

它是水溶性的。香辛料的溶劑萃取物稱為「精油樹脂」，例如使用丙酮為溶劑萃取的薑精油樹脂。而藥草的酒精萃取物叫「浸酊」。適量的乙醇對一般人是好的，所以乙醇可保留於產品中。

　　溶劑有很多種，包括水溶性及油溶性溶劑，因此會依照含香植物的香氣成分性質來選擇溶劑。溶劑沸點宜選用相對較低者，因萃取後還要把溶劑加熱回收，故在溶劑沸點以下的香氣成分將喪失，這是無可避免的，所以選擇溶劑沸點相對較低者損失較少。關於植物體的打碎時間、溶劑的使用量及萃取次數，宜進行比較試驗後決定。有些溶劑是有毒及易燃的，因此操作人員應小心並在相當的防護設備下工作。而萃取物中所允許的溶劑殘留量皆為 30 ppm。

油脂吸附法

　　一般來說，花香的濃度很低，因此長久以來也流行一種「油脂吸附法」。使用一長方形的淺盤，裡面放一層油液，把香花攤開泡在油液裡，每隔一段時間將花翻轉，使花卉的香氣成分溶於油液中。此方法每隔半天或一天更換花卉，所以油脂所吸附的香氣會越來越濃，直到達到設定的香氣濃度為止。此產品因為採用不揮發的油脂為溶劑而穩定性良好，不容易散發。油脂也可能含有天然抗氧化劑，使香氣較不易氧化，可直接應用於產品中。假如要應用於酒精溶液產品，則可使用酒精從上述油液中把香氣成分萃出成酒精溶液。

超臨界二氧化碳萃取法

近三十年來，以超臨界二氧化碳流體來萃取含香植物受到很大的重視。二氧化碳在常壓下是氣體，在較高壓下是液體，在超過臨界點後變為超臨界狀況。超臨界二氧化碳是種很好的溶劑，對物質的溶解度高，而且超臨界溫度只有 31.1℃，對於熱敏感香氣成分的萃取破壞性很低。

此方法可利用溫度及壓力的控制區分溶質，例如前述的花卉溶劑萃取物中可能含有油脂及香氣成分，假如以超臨界二氧化碳萃取，就可能同時把它們區分成油脂及精油二區分，由於二氧化碳無毒無臭沒有溶劑安全問題，在常態下是氣體，也沒有溶劑殘留量的問題，因此它所萃取的精油品質非常優良，唯一的缺點是需要耐高壓的昂貴設備。圖二是超臨界二氧化碳萃取裝置，此裝置是把超臨界二氧化碳加熱，經過四支裝有試料串聯的萃取管，藉由控制壓力，使其萃取液在超臨界二氧化碳所溶的溶質變為不溶性，於二分離槽區

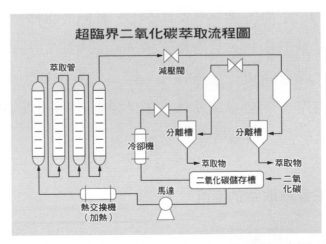

圖二：超臨界二氧化碳萃取法示意圖。此為一種高壓低溫的萃取方法。

分出來，而超臨界二氧化碳繼續前行，最後進行回收。

優點與缺點

香花植物以溶劑萃取有其優缺點，最重要的優點為它是一種加熱程度較低或不加熱的製備方法，所製得的產物香氣品質可能較蒸餾法萃取的精油好。但此方法也有不少缺點：由於香氣成分大部分是油溶性的，因此以油溶性溶劑萃取植物體，會把大部分的油溶性成分一起萃取出來，除了香氣成分外，還包括其他的油溶性成分，例如油脂、脂肪酸、碳氫化合物、油溶性維生素及色素等，導致萃取物中所含有的香氣成分比率及力價皆降低，而且也影響到它的應用性。

此方法所得的萃取物是一種以油脂為溶劑的香料原料，因此要應用於水溶性產品時必須經過第二次的萃取，如茉莉花淨油。而溶劑的使用也是一種成本支出，其回收率無法達到 100%，一定會有相當量的損失，且溶劑必須先經過相當的純化，尤其不純物是不揮發性成分時更不能被接受，因為這些不純物會留在萃取物中。此外，溶劑可能有毒或易燃，因此通常使用高規格的加工及回收設備與適當的防護措施確保安全。

花香萃取物的應用

關於花香萃取物，實際上以應用於高價香水最多，如玫瑰花精油、茉莉花浸膏、佛手柑精油、薰衣草精油等。但在一香水配方

中，這些花香萃取物常常所占比例很低，因為它們的價格太高，以玫瑰花香為例，調香師會以市售的天然或人工香料單體為主成分，而添加玫瑰花精油的目的是要取其珍貴的微量成分。不過這些香料單體都有安全認證，大多不會引起皮膚過敏。化妝品及芳香療法也使用天然香料，但大多是較低價的精油，如薄荷油、茶樹油等。

（2010 年 10 月號）

珠璣科學
——八字編與正多面體

◎——金必耀、左家靜

金必耀：任教臺灣大學化學系

左家靜：任職國家高速網路與計算中心

研究藝術的科學

研究科學的藝術

建立起你的感官——特別是學習如何去觀察

了解一切事物都是彼此相連

李奧那多・達文西

走到臺北市火車站附近的延平北路上，映入眼中的是一家接著一家的手工藝店，店內有各式各樣的手工藝品，如串珠、拼布、編織等。走進任何一家，不難看到櫥窗中所陳列各式各樣的立體串珠飾品，有水果、寵物、以及許多其他有趣的串珠飾品。你知道嗎？這些串珠不僅僅能來製作這些飾品，更可以用來建構許多有

趣的分子與奈米結構，例如巴克球，芙類分子，奈米碳管，奈米金二十，無機配位金屬線，以及其他稀奇古怪、令人驚豔的立體幾何構造。在此一系列有關串珠結構的文章中，我們將介紹如何利用串珠來建構許許多多有趣的幾何結構，並淺介在這些串珠幾何結構中所隱含的科學與數學，希望能啟發讀者進一步探索與研究。

本文我們將介紹用串珠製作正方體與正十二面體，從而讓讀者熟習最常用的編織法。正多面體共有五個，分別是正四面體、正方體、正八面體、正十二面體、正二十面體（表一）。古希臘哲人柏拉圖最早提到這五個正多面體，所以文獻中常把這五個多面體稱為柏拉圖體。但許多的考古證據顯示，人類更早就已經知道這五種正多面體的存在。由表一，我們不難發現這五個正多面體中頂點（V）、稜邊（E）、面（F）的數目，滿足公式 V-E+F=2。十八世紀的數學家尤拉最早發現這個驚人的關係，因此通常稱此公式為尤拉公式，由於數學上有許多尤拉公式或定理，所以避免混淆，我們會更仔細地稱它為尤拉多面體公式。我們也將進一步使用化學家的語言，稱連結到每個頂點的稜邊數為頂點的配位數或是價數。因此正四面體、正方體、正十二面體中的頂點為三配位；正八面體為四配位；而正二十面體為五配位。串珠模型通常最適合用來建構三配位的多面體，所以我們先將利用最簡單的八字編織法，製作正方體與正十二面體的串珠模型。當然串珠不僅僅可用來建構簡單的正多面體，也可以用來建構更多更複雜的立體構造，包括常見的動物與水果串珠模型，限制只在我們的想像力。我們將著重在與芙類分子，

與其他與石墨烯有關的奈米立體結構為主。

表一：正多面體

正多面體		頂點數 V	稜邊數 E	面數 F
正四面體		4	6	4
正方體		8	12	6
正八面體		6	12	8
正十二面體		20	30	12
正二十面體		12	30	20

　　八字編織法是立體串珠的主要技法，可以用圖一來說明，首先將五個珠子串到一條適當粗細的釣魚線或是尼龍線中，依圖所示，將魚線兩端交錯串過最後一個珠子，形成一個含有一個五個珠子的

環，將此環稱為五珠環，或是五圓環。通常為了避免魚線一端消耗太快，在製作第一個環時，應該儘量調整魚線，使得珠子位於魚線的中央，圖一用實線與虛線代表魚線的兩端，箭頭代表的是魚線前進的方向。然後反覆進行同樣的這一步驟，由於相鄰兩步魚線的形狀類似阿拉伯數字的 8，所以稱為八字編。八字編織法在西方通常稱為直角編織法，這是因為如果每次所編的是四圓環，所編出來的平面結構中的珠子，彼此間會形成直角之故。然而若編織的單元不是四個珠子，則所形成的結構不會含有直角。另外也不難看出，魚線的兩個線頭在每一個步驟，在某一個珠子交錯一次，而且在不同位置的珠子交錯，產生不同的編織路徑。以圖一為例，在第二步驟，兩個線頭可以在五個不同位置的珠子進行交錯，其中只有三個不同交錯是獨立的，分別是對位、間位、鄰位。

　　有了八字編織的基本概念，我們可以開始進行第一個立體串珠模型—正方體，正方體是由六個正方形的面，八個頂點與十二個邊所組成。準備的材料為十二個長形的珠子，與一條適當長度與粗細的尼龍線。第一次實作，可以

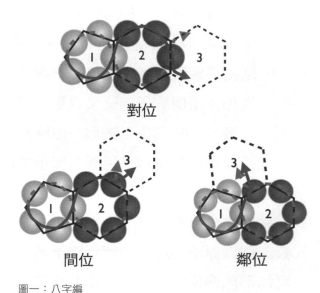

圖一：八字編

選用稍大的長形珠子，例如1.5公分的長珠子，與一條長度約為60公分的尼龍線。簡單計算所需尼龍線長度的方法，是珠子數目乘上兩倍珠子的長度，所以大概是 36 公分，通常我們還需要額外的的尼龍線做最後的收尾，讓串珠結構比較穩固，這裡我們多加 20 公分左右的魚線。

由於串珠代表正方體的邊長，所以我們需要十二個珠子，而非八個珠子，使用長形或是桿狀珠子更可較清楚呈現珠子與邊的對應關係。每四個珠子環繞成一個正方形，代表一個面，而正方體共有六個面，所以製作一個正方體的串珠模型總共需要六步。第一步，將尼龍線串過四個珠子，交叉成一個四珠環，這是第一個正方形。第二個正方形與第一個正方形共用一個邊，所以在第二步，我們只需在尼龍線一端加入三個珠子，然後再用尼龍線的另一端，以相反方向，串過最後加入的珠子，交叉成第二個四珠環。接下來，我們要製作第三個四邊形，稍微留心，不難發現，這一個四邊形與前兩個四邊形各自共一個邊，也就是說，這個四邊形的兩個邊已經做好，所以我們應該先將尼龍線的一端串過這兩個珠子，然後在尼龍線的一端加入兩個珠子，交叉成環，做出第三個四珠環。你可以想一想，在接下來的三個正方形，你應該分別再加入多少個珠子。整個串珠過程可以簡單地，用圖二所示的串珠平面編織圖表示，數學家稱這種圖為 Schlegel 圖。

另外從化學的角度，將這個正方體的結構視為一個分子，頂點代表一個碳原子，邊是一個碳碳單鍵，每個碳原子有四個價電子，共可以形成四個化學鍵，在正四面體中，一個頂點只有三個邊，因

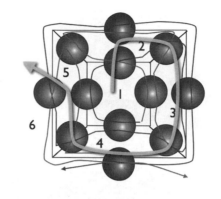

圖二：正方體的串珠模型與平面編織圖

此還剩下一的未成鍵的電子，八個頂點共有八個未成鍵電子，這些未成鍵的落單電子為自由基，除非能進一步將這些自由基配對或與其他原子形成新的化學鍵，否則碳八分子 C_8 是一個很不穩定，非常活潑的分子。1960 年代，芝加哥大學的化學家 Philip Eaton 合成分子結構 C_8H_8 的穩定分子。其中的八個碳整齊地排列在正立方體的八個頂點上，稱為立方烷（圖三），每個碳原子所剩的第四電子則與一個氫原子形成一個碳氫鍵。

接下來，我們進行第二個串珠計畫——正十二面體。正十二面體共有十二個正五角形的面，三十個邊，以及二十個頂點。如果頂點代表碳，二十個頂點，共有二十個碳，因此正十二面體可是為為碳二十。簡單的計數，知道碳二十中有八十個價電子，其中每個碳原子與相鄰的三個碳原子形成三個碳碳單鍵，共用掉六十個電子，每個碳原子還剩一個未成鍵的價電子，這樣的電子組態是非常不穩定的。就跟立方烷的情況類似，必須進一步將這些未成鍵電子形成化學鍵，才能使正十二面體排列的碳原子穩定下來。由於五邊形的

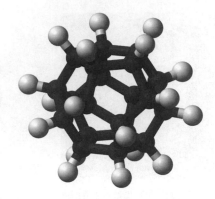

圖三：正方體烷與正十二面體烷

內角為 108°，接近於 sp³ 混成的碳原子的鍵角，所以正十二面體結構的碳二十與額外的二十個氫與碳形成碳氫鍵。美國俄亥俄州立大學化學教授 Leo Parquette 在西元 1982 年成功合成出 $C_{20}H_{20}$，稱其為正十二面體烷（圖三）。

　　碳二十的串珠模型的製作分為十二步，對應到正十二面體中的十二個五邊形。珠子對應到碳二十中的碳碳鍵，所以共需要三十個珠子。頂點，稜邊、面之間的相對關係，可用圖四中的平面圖來表達，共有十一個五邊形，第十二個五邊形是外圍的區域。與正方體一樣，稜邊是珠子所在的位置。從平面圖中央的五邊形開始進行串珠，共需要串十二個五邊形。首先用五個珠子串出第一個五珠環。第二個五邊形與第一個五邊形共一個邊，所以只需加入四個珠子，便可做出第二個五珠環。稍微留心，會注意到有三種獨立的方式來加入這四個珠子，分別是四個珠子全加在魚線的一端；第二種是一端三個，另一端一個珠子；最後一種是魚線的兩端，各加入兩個珠

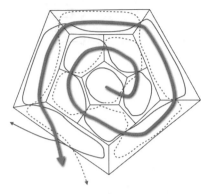

圖四：正十二面體的串珠模型與平面編織圖

子。這三種不同的加法，會影響到第三個環的位置，對於初學者，我們的建議是儘量採用第一種加法，即所有的珠子都從一端加入，如果每一步驟，都很一致地這麼做，就會產生如圖四所示的螺旋路徑。第三個步驟所需串的環仍然是一個五邊形，但此五邊形與前兩個共邊，所以我們應該先將尼龍線的一端串過第一個五珠環中的其中一個，想一想是哪一個珠子？該用哪一端尼龍線，從哪一頭串過去？才會使得路徑是沿著螺旋方向進行，接著再將三個珠子從尼龍線的另一端加入，再用魚線的另一端穿過最後加入的珠子，交叉形成第三個五珠環。尋著圖中所是的螺旋路徑，依序做下去，最後會得到一個正確的串珠正十二面體模型，一個碳二十的串珠分子模型。

除了正十二面體，如何用串珠做出其他三個正多面體，就留給讀者思考。

（2012 年 1 月號）

乙烯聚合物的真情告白
——化學大分子的魅力

◎—陳宗應、陳品嫺、陳幹男

陳宗應：就讀淡江大學化學系碩士班、

陳品嫺：淡江大學化學系生物化學組、

陳幹男：任教淡江大學化學系

化合物中有單一個原子的分子，也有數百萬個分子形成的超大分子，大分子化合物讓我們的生活更便利，它們千變萬化的魅力讓人無法抵擋。

我們生活中的石油化學產品似乎無所不在，尤其是合成材料（或稱塑膠、高分子或聚合物）產品垂手可得，譬如使用保鮮膜保存食物、用垃圾袋裝廢棄物等順手的動作，並不感覺它存在的重要性，也不會關注它的來源和成分。從第二次世界大戰後（1950 年代）石油化學工業起飛，開始迅速地改變我們的生活形態。人類過去數千年歷經石器、銅器、鐵器的歷史，在二十世紀中

葉逐漸進入前所未有的新合成材料時代——塑膠。塑膠原料是石油化學的下游產物，如今塑膠產品琳瑯滿目、物美價廉，與我們的生活習慣密不可分，這也是人類越來越依賴石油的原因，原油價格的起伏影響石化原料的供應，當然也間接地衝擊到民生物價。

遍布世界的塑膠

我們日常生活已無法與塑膠脫離關係，塑膠屬高分子產品的一類，其平均分子量經常達數萬至數百萬單位，因為它輕便、耐用、多樣、穩定、無毒、價廉物美等綜合性應用優點的吸引力，令人類難以抗拒。而在多樣化的塑膠材料中最被廣泛使用的塑膠材料，也被稱為四大泛用塑膠（universal plastics）的材料為聚乙烯（polyethylene, PE）、聚丙烯（polypropylene, PP）、聚苯乙烯（polystyrene, PS）、聚氯乙烯（polyvinyl chloride, PVC）等四類，它們均屬熱塑性塑膠（thermoplastics），具備可重覆加熱成型（可回收再利用）的加工特性；從世界塑膠總產量統計，PE 是四大泛用塑膠材料中的首位，可見 PE 塑膠材料在現代人類生活中所占的份量。塑膠材料的發展，主要歸功於石油化學工業發展的貢獻，塑膠原料完全倚賴石化工業的供應，目前兩者上下游的依存關係已是無法割捨的地步。

原油裂煉而成的石化產品，可分為脂肪族（aliphatics）和芳香族（aromatics）兩大類碳氫化合物（hydrocarbons），均屬易燃或可燃性的有機化合物。芳香族化合物均屬液體或固體，至於脂肪族化合物，依分子量大小區分，分別呈現氣態、液態或固態。

脂肪族化合物中的最小分子是僅含一個碳的碳氫化合物，甲烷（methane, CH_4，沸點−164℃），常溫常壓（1 大氣壓）下是氣體，是原油裂煉的產品之一，更是地下天然氣的主要成分（甲烷約占 85～95%，隨產地而異）；甲烷也是化學產業重要的基本原料之一、大都市主要的家庭燃料（自來瓦斯）。其他脂肪族化合物，依碳數（碳-碳鏈長度）的增加，如乙烷（ethane, C_2H_6）、丙烷（propane, C_3H_8），丁烷（butane, C_4H_{10}）等，這些碳數小於 4 的石化產品在常溫下均是氣體（沸點均在−0.5℃以下），即所謂的液化石油氣（簡稱 LPG 的桶裝瓦斯）。

　　至於碳數在 5～20 左右的化合物已是液體，只是碳數越多的脂肪族化合物，沸點越高，戊烷（C_5H_{12}）和己烷（C_6H_{14}）的沸點分別是 36.07℃和 68.95℃，均是揮發性液體，這是實驗室常用的有機溶劑；而更高碳數（沸點較高）的液態烷類（liquid paraffin、mineral oil 或稱 Nujol），分子量較大，揮發性低（蒸氣壓低），在常溫時，幾乎沒有氣味，為嬰兒皮膚保護油（baby oil）、潤滑油、表面亮光劑（鞋油、塗料）、凡士林（油脂）、油性軟膏等應用的主要配方。

　　若碳氫化合物的碳−碳鏈（C-C 鏈）的碳數增至 20 以上，則此長鏈的碳氫化合物，在常溫呈白色固態，通稱為石蠟（paraffin wax），其熔點約在 50～70℃之間，其熔點隨石蠟的碳−碳鏈長度（平均分子量）加長而增高，此類白色固態的石蠟，揮發性極低，但具有可燃性，可應用於製造蠟燭（圖一）；其無毒性、無氣味、不溶於水、具化學安定性、體內酵素無法消化等穩定性，可當食品

（如乳酪、奶油、蛋糕等）添加劑、水果的亮光保鮮劑、亮光蠟（汽車蠟或地板蠟）、蠟筆、表面撥水劑（油紙、蠟紙）、固體粉粒抗黏劑（anti-cakingagent）、滑雪板等的減阻處理劑等。石蠟具有絕佳的電氣絕緣性，其碳-碳鍵的化學結構與 PE 相類似，只是石蠟的分子量太小（平均分子量

圖一：蠟燭的成分就是石蠟。（圖片來源：維基百科）

在1萬以下），缺乏機械強度（抗撞擊和抗張強度極低），無法自行成膜。

乙烯聚合物

　　而塑膠材料中最重要的乙烯聚合物（ethylene polymers），主要是來自原油煉製的石化產品之一的乙烷，經脫氫反應（dehydrogenation）得到乙烯（ethene，俗稱 ethylene）單體，當作乙烯聚合物材料的主要基本原料。乙烯單體所含之兩個碳元素間具有反應性雙鍵的化合物，僅比一個碳的甲烷分子，多了一個碳和一雙鍵；乙烯單體分子式為 C_2H_4，其化學結構如圖二，分子量是 28.05，在常溫之下是氣體，其熔點為 $-169.15℃$，沸點 $-103.7℃$，通常乙烯單體需要在高壓低溫的儲存槽儲存。

圖二：乙烯的結構式。兩個碳原子之間是由雙鍵連結。

乙烯聚合物（如 PE）的製程在高壓高溫下，經選擇適用的觸媒和聚合反應條件，分別生產許多種不同分子量、聚合物分枝側鏈結構、密度、熔點的 PE 塑膠，因應多樣性質需求的用途。除了利用石油作為原料，目前國際廠商已開始使用可再生的原料來源——蔗糖發酵所產生的乙醇，經脫水反應（dehydration）製造乙烯單體，此類乙烯單體也可聚合成 PE，稱 Bio-PE，市場上也已開始販售此項產品。不過雖然這種生產方式的原料來源似乎可擺脫石化的限制，惟目前其價格和產能尚無法與石化原料競爭，就原料供應市場而言，僅是叫好卻不叫座的窘境。

乙烯聚合物（PE 塑膠）是熱塑性材料，擁有諸多合成材料的優點，諸如價廉、易加工、無毒性、無味、無添加劑、可回收再利用等；PE 更擁有多樣性質（軟或硬）、質輕（比水輕，其比重約在 0.95 左右）、耐衝擊、電氣絕緣（不導電）、保溫、低摩擦係數、完全不吸水、耐各種化學藥劑（含溶劑），尤其在焚化處理時，沒有汙染物產生，僅產生二氧化碳和水，因此 PE 材料屬環境友善的綠色材料。乙烯聚合物產品因應不同用途的加工，無論是吹膜（blown）、擠壓（extrusion）、共擠壓（co-extrusion）、灌注（cast）、成型（molding）和熱融（hotmelt）等方式均可，尤其在較低的溫度（大約在 160℃）

就可加工成形，比較其他塑膠容易加工等優勢，因此不同規格的 PE 塑膠被廣泛地應用在嬰兒床邊玩具、兒童的組合塑膠積木、冷凍食品包裝、購物袋、容器、農業覆蓋膜、工業包裝膜、絕緣保溫材、伸縮套管、水管、分子模型、漁網、布膜、防護衣物等眾多無法被取代的用途，也是乙烯聚合物材料最受市場歡迎的原因。

乙烯聚合物的誕生

乙烯聚合物材料的發明，可追溯至 1898 年，德國化學家馮皮契曼（Hans von Pechmann）在無意中將偶氮甲烷（diazomethane CH_2N_2）加熱，產生以－$(CH_2)_n$-鏈結的白色蠟狀物質，當時稱「聚亞甲基」（polymethylene, PM），這是最早發明合成乙烯聚合物的方法。

1933 年，英國皇家化學公司（ICI）化學家佛瑟特（Eric Fawcett）和吉布生（Reginald Gibson）在實驗室以乙烯和苯甲醛混合在高壓（約 1,400 大氣壓）反應器進行聚合反應，同樣也產生白色蠟狀物質（乙烯聚合物），但後來此項合成 PE 的實驗卻無法再複製；直到 1935 年才發現當初的聚合反應，無意中有氧氣進入高壓反應系統，因此才能產生 PE。1939 年 ICI 開始大量生產乙烯聚合物（圖三），當時僅可生產低密度 PE（LDPE），於第二次大戰期間（1944 年起）開始被英、美兩國廣泛地被使用在電線、電纜的絕緣體。因為當時生產的 LDPE 耐熱性質的限制，熔點在 100℃以下，無法應用在較高溫的環境（如超過 100℃以上蒸氣消毒條件），因此並未大量推廣至民生用途。

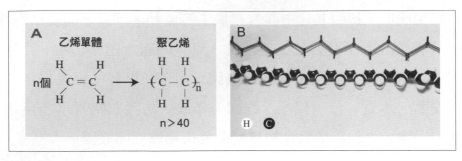

圖三：（A）乙烯合成聚乙烯的方程式。（B）聚乙烯的分子結構模型。

乙烯聚合物的普及

過去乙烯的聚合反應均需要極高溫和高壓的聚合條件，才能得到 LDPE 產物，直到 1951 年美國菲利普斯石油公司（Phillips Petroleum Company）的化學家班克（Roberts Banks）和霍根（J. Paul Hogan）開始使用氧化鉻觸媒，讓乙烯的聚合反應可在較溫和的反應條件進行。此外，德國化學家齊格勒（Karl Ziegler）和義大利化學家納塔（Giulio Natta）也發展出氯化鈦／有機鋁的一種有機金屬（過渡金屬 IVB-VIIIB 族）和 IA-IIIA 金屬系列的新觸媒（Ziegler-Natta catalyst，簡稱 ZNC 觸媒），ZNC 觸媒能達成比氧化鉻觸媒更溫和的烯類聚合反應條件。

當時氧化鉻觸媒以及 ZNC 觸媒均已在工業界大量生產使用，雖然前者（氧化鉻觸媒）的價格較低、穩定性高、容易操作，但是 ZNC 觸媒可在更溫和的反應條件生產高密度 PE（HDPE）和其他種類的 PE（如分枝結構的 PE 共聚物）。因此 1950 年代 ZNC 觸媒系列開始普遍被使用，製造各種性質的 PE 產品，齊格勒和納塔兩位化學

家也因此同時榮獲 1963 年諾貝爾化學獎。

1976 年德國化學家卡明斯基（Walter Kaminsky）等，發現另一種新觸媒，結合 ZNC 觸媒和金屬芳香類（metallocene）觸媒，因此使 PE 的產品更多元（側鏈分枝多寡和長度、分子量大小和分布，結晶性等）。

多元的乙烯聚合物

因應各種乙烯聚合物市場的需求，以乙烯單體為主要原料，運用錯離子型 ZNC 觸媒，調整生產配方、聚合條件（溫度、壓力和觸媒等），生產出多樣化的乙烯聚合物塑膠，目前各種市售的乙烯聚合物材料產品，可分為下列九大類：

一、超高分子量 PE（UHMWPE）：

密度約在 $0.930 \sim 0.935 g/cm^3$，分子量通常在 $300 \sim 600$ 萬單位以上。UHMWPE 長鏈分子的排列較整齊，結晶性高，分子間的作用力強，因此具備良好耐磨耗性、材料穩定性佳、耐化學性高，因此被應用於人工骨骼（如膝蓋、髖骨等，見圖四 A）、汽車零件、齒輪、軸承、紡織機的活動零件等。此類 PE 長鏈經紡絲延伸，將 PE 長鏈分子的順向排列整齊，造成 PE 分子中微結晶增加，更提高 PE 纖維的強度，可應用於質輕、耐候佳之超高強力 PE 纖維（如 Spectra，Dyneema），可取代複合材料的高強力碳纖（carbon fiber），其強度高於現有高強力的尼龍繩索，且因比重低，可取代海洋纜繩、漁網

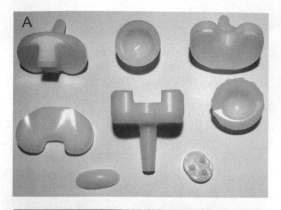

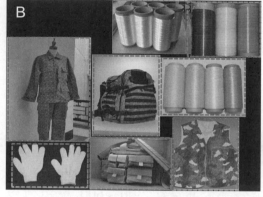

圖四：（A）人工關節材料。（B）市面上許多產品都是由超高分子量 PE 製成。（圖片來源：DiSanto Technology）

等用途。而且其量輕、耐候性佳、耐切割等特性，應用於防護衣物（如防彈背心、極限運動服裝）可取代克維拉纖維（Kevlar）、降落傘、工業用布膜等（圖四 B）。

二、高密度 PE（HDPE）：

密度約在 $0.941g/cm^3$，乙烯聚合物材料使用 ZNC、鉻或茂系等觸媒，配合聚合反應條件製造少側鏈的 PE；由於 HDPE 分子鏈的側鏈較少，因此分子間的排列較整齊，因此分子間的作用力較強，材料結晶密度高（可達 90%），其耐水、耐有機溶劑、耐候性和耐撞強度均佳，可應用於水管、日常生活容器（圖五 A）、牛奶罐、垃圾桶、化學實驗用品（圖五 B）、分子模型以及塑膠玩具（圖五 C）等。

三、中密度 PE（MDPE）：

　　密度約在 0.926～0.940g/cm³，MDPE 具有比 HDPE 較佳的耐撞擊、抗刮痕、抗張力等強度的特性，適用於氣體管件、套管、收縮膜、包裝膜、塑膠提袋和拉鏈袋等用途。

四、低密度 PE（LDPE）：

　　密度約在 0.910g/cm³，LDPE 已可使用自由基聚合法產生，PE 材料具有高程度的長短兼具的側鏈，阻礙 PE 分子的排列和結晶的發生，LDPE 屬非晶型材料，因此分子間的作用力也較低，其抗張強度較低，延伸度較

圖五：由高密度 PE 所製成的用品。（圖片來源：the Dustbowl blog）

佳，適用於 PE 膜、袋（市面常見的垃圾袋就是低密度 PE 的製品）、包裝膜以及軟管等。

五、直鏈低密度 PE（LLDPE）：

密度約在 $0.915g/cm^3$，通常是乙烯與其他烯類（譬如 1-丁烯、1-己烯等）共聚物，LLDPE 的抗張強度和延伸度均較 LDPE 為佳，用途與 LDPE 相類似，惟 LLDPE 的透明度佳，伸縮性佳，可適用於農業用覆蓋膜、食品包裝袋用的拉伸膜（如圖六）等。

六、超低密度 PE（VLDPE）：

密度約在 $0.88\sim0.915g/cm^3$，通常是乙烯與其他烯類（譬如 1-丁烯、1-己烯、1-辛烯等）使用茂系觸媒所產生具有諸多側鏈的乙烯共聚物，其性質柔軟、透明（無結晶性）、耐低溫，可應用於軟管、冷凍食品包裝、延展性保鮮膜或包裝膜。

七、架橋型 PE（PEX）：

PEX 係由 HDPE 與 MDPE 或是 HDPE 與 LDPE 和過氧化物經機械攪拌混合後，利用化學反應方法或是輻射線（電子束或伽馬射線）照射，在 PE

圖六：拉伸膜。（良澔科技企業股份有限公司提供）
　　　圖片來源：JP Communications, Inc）

分子間產生架橋鍵結，使原來熱塑性塑膠轉變成熱固性塑膠或是彈性體。PEX 的耐熱溫度提高，熱融的流動性降低，可製造 PE 發泡材，尤其運用電子束（electron beam，簡稱 EB）照射架橋之 PEX 產品，無味無臭，適合應用於製造符合衛生要求的緩衝保護墊和瑜珈墊和食品飲料瓶蓋內襯、絕緣保溫材料、吸波材（吸收雷達、聲波或電磁波等頻率）、堆貨棧板（取代木板）、水管用加熱伸縮套管接頭等（圖七）。

八、超低分子量 PE（PE-Wax）：

乙烯單體聚合成低分子量聚合物，具有超低分子量ＰＥ，亦稱人工蠟，其熔點 100～115℃。具有高效能的潤滑，耐摩擦及防黏結性，可當作防結塊劑（anit- blocking）、潤滑劑、脫模劑、顏料及填料的分散劑，亦可應用於塑料加工生產的內外部滑劑；乳化 PE-Wax 應用於紡織之用平滑劑、柔軟劑，減低針織時針之磨損及溫度等；亦可應用於地板蠟、拋光劑，造紙業和水性塗料油墨改質

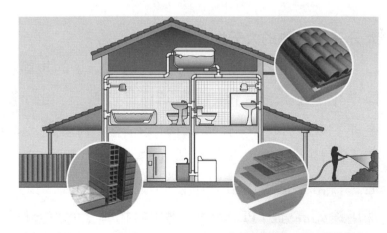

圖七：建築物之牆壁隔熱、隔音、屋頂保溫和地板防潮等 PEX 發泡材料。
（圖片來源：www.clxrsj.com）

劑、塑膠色母分散劑等。

九、乙烯共聚物（PE copolymers）：

乙烯與其他含烯類單體產生共聚物，至少有數百種以上不同功能的乙烯共聚物，如 LLDPE、MDPE、LDPE 等產品，均是利用乙烯單體與各種含烯基化合物的共聚合產品。此外如乙烯與醋酸乙烯酯（vinyl acetate）形成乙烯／醋酸乙烯酯共聚物（ethylene vinyl acetate copolymer，簡稱為 EVA 或 E/VAC），應用於發泡彈性體的鞋墊、防護墊、熱熔膠；乙烯與丙烯酸酯（acrylates）、丙烯酸（acrylic acid）或馬來酐等形成共聚物，可應用於複合材料的相容劑；又如乙烯與丙烯（propylene）共聚物的三元乙丙橡膠（terpolymer of ethylene-propylene-diene monomer, EPDM rubber）；還有無數的乙烯共聚物產品的開發應用於其他特殊功能性用途。

大分子聚合物的大千世界

總之，近六十年來乙烯聚合物大分子的規範和用途等均已國際標準化，至於聚合和加工製造產品的技術，也不斷地進步，只是基本原料還是得來自石化產物的乙烯氣體分子。乙烯聚合物具備輕便、耐用、多樣、穩定、無毒等特性，在工業、軍事、農業、交通、日常生活等均可發現它的蹤跡，廣受歡迎的程度與日俱增，特殊用途如高強力 PE 纖維，應用於超輕量的複合材料（運動器材、發電風車、航太、汽車等），高附加價值的產品也逐漸被開發應用，

此大分子驚人的魅力銳不可當。

　　乙烯聚合物大分子的穩定性和耐候性俱佳，因此可回收再利用。但因為它在自然界無法被生物分解，因此大分子廢棄物僅可用焚化法，不可用掩埋法處理，所以乙烯聚合物與大部分的合成材料一樣，若被濫用或任意拋棄，將成為我們環境的沉重負擔。目前國內、外均持續以大規模生產乙烯聚合物，造成供應市場的競爭，消費者享受價美物廉的材料產品時，不知不覺地在日常生活中養成隨意浪費的習慣。雖然乙烯聚合物材料屬環境友善產品（可回收再利用或安全焚化處理），大家在選用塑膠材料時，還是應善用材料避免資源浪費，儘量遵守環境保護珍惜資源的 3R 政策——減量（re-duce）、重覆使用（reuse）、循環使用（recycle），響應全球節能減碳的呼籲，共同愛護我們的地球。

（2011 年 3 月號）

參考資料

1. Charles E. Carraher, Jr., Polymer Chemistry 7th ed., CRC Press, Boca Raton, Florida, 2008.
2. DiSanto Technology, http://www.disanto.com/,2006.
3. JP Communications, Inc, http://www.manufacturer.com/, 2010.
4. Know Your Plastic Recycling Number, http://dustbowl.wordpress.com/2008/06/14/know-yourplastic-recycling-number/, 2008.
5. LIANG HAW TECHNOLOGY, http://www.lianghaw.com./news_01.html, 2007.

起雲劑和塑化劑

◎─王文竹

臺灣發生有不肖業者以塑化劑替代食品添加物起雲劑的投機行為，
媒體大肆報導下，讓大眾誤以為所有塑膠都含塑化劑，掀起恐慌。

起雲劑和塑化劑事重傷了食品信譽，風雲為之變色，激起了社
會大眾的疑慮，它是個重大事件，但不是個恐怖物質，論者
已多，這裡就用非常簡要的敘述，略釋群疑。

起雲劑的成分與功能

起雲劑通常指的是含天然的類（terpenes）、油酯類、植物膠
類，及添加的界面活性劑（surfactants）等成分的一個混合物，用為
食品添加劑或改質劑。顧名思義，起雲劑是利用其乳化（emulsion）
及分散（dispersion）的性質，達到油相─水相以及固相─液相之間
的均質化，引起食品表現得像雲霧一般不透明，增加食品的濁度與

黏稠性，使食品有濃郁的視覺與口感。食品成分主要的是醣、蛋白質及油脂，都是一些大分子，常不能溶於水中，造成不均勻的懸浮或沈澱，食品業需要調和這些不同類的物料，都有機會用到起雲劑，它的劑量控制在 0.25.0%的範圍，因這些添加物多為天然產品，所以甚至無需報備審核。

塑化劑

聚氯乙烯（Polyvinylchloride, PVC）是最常用的塑膠之一，但質地堅硬，為了改變成柔軟的質地，就會添加塑化劑，最常用的一類就是鄰苯二甲酸酯類（phthalates），工業界通稱為DOP（圖一A），也就是 D 及 P 兩個英文字母代表的化合物，D 是由 di- 來的，指其為苯環上有二個取代基， O 是表示取代基是八個碳 octyl，P 是指phthalates。譬如， DEHP 就是鄰苯二甲酸酯的成分組成中 R 是二－（2-乙基己基）（圖一 B），DINP 就是成分組成中 R 是二異壬基（圖一 C）。典型塑化劑的例子是在聚氯乙烯（PVC, polyvinyl chlor-

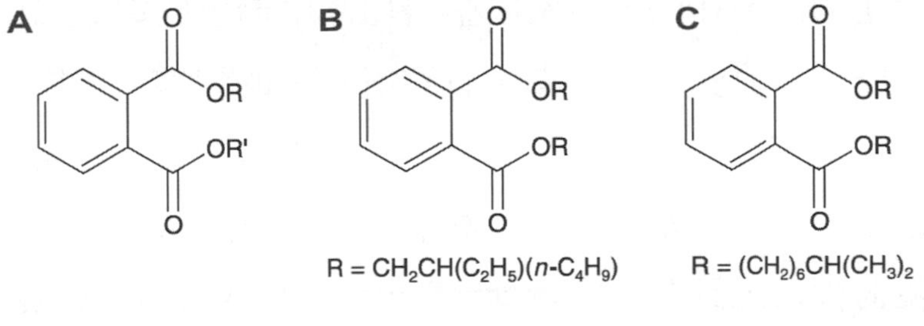

圖一：（A）鄰苯二甲酸酯類（phthalates, DOP）；（B）鄰苯二甲酸二（2-乙基己基）酯（di（2-ethylhexyl）phthalate）；（C）鄰苯二甲酸二異壬酯（diisononyl phthalate）。

ide）中依產物特性需求，可加入低於 10%至高到 40%的 DEHP 摻混，調整其柔軟性。

除了用於 PVC 外，鄰苯二甲酸酯類的分散性佳，也常添加於其他物品之中，例如：Bis（n-butyl）phthalate（DnBP, DBP）用於賽璐璐、食品包裝、黏著劑、化妝品、指甲油、洗髮精、防曬油、保濕膏、防蟲膏等。Diisodecyl phthalate（DIDP）用於輪胎絕緣、底漆等。Di-n-octyl phthalate（DnOP，有時亦稱 DOP）用於筆電外殼、炸藥等。

起雲劑 vs. 塑化劑

起雲劑是用為食品添加劑或改質劑，使其乳化（emulsion）及分散（dispersion），達到較佳賣相與口感。塑化劑主要用於聚氯乙烯及部分其他生活用品，使其柔軟均勻。這兩者原屬風馬牛不相及的東西，塑化劑竟會被用來代替起雲劑，真是一種不可思議的違法投機行為。其實兩者的價錢所差並不大，只因其特別穩定又不會氧化變色，就不問成分的加入產品中。鄰苯二甲酸酯塑化劑在居家環境中，其實是無所不在的，從家居塑料用品中滲出的鄰苯二甲酸酯已是防不勝防。嬰兒處於口腔期，有到處舐食的習慣，更增高了攝入太多塑化劑的可能，且又值生長期，所受影響較大。成人代謝較快速，影響較小，即使如此，塑化劑鄰苯二甲酸酯類塑化劑被歸類為疑似環境荷爾蒙，具有生物毒性。常用的塑膠中只有聚氯乙烯須添加塑化劑，但媒體上的名嘴、一些醫生及食品專家卻放言高論，造

成杯弓蛇影的恐慌。甚至我是學化學的,也要請教高分子化學的專家,才有正確的知識(見本書下一篇,陳幹男教授等〈塑膠時代的必備常識〉一文),其實塑膠多是不含塑化劑的,只要正確使用,不會有安全顧慮。

(2011 年 7 月號)

塑膠時代的必備常識

◎―黃景忠、陳幹男

黃景忠：就讀淡江大學化學系博士班

陳幹男：任教淡江大學化學系

人類發展出五花八門的塑膠產品，賦予各種用途，然而塑膠到底有幾種？之間的差別為何？塑化劑真正的用途是什麼？面對無所不在的塑膠製品，民眾有必要清楚了解其特性，才能用的安心。

市面上各種琳瑯滿目的材料，令人眼花撩亂的塑膠產品，尤其物美價廉且多樣化的用途，令人難以抗拒。人類文明的發展，從石器、銅器到鐵器時代，歷經數千年的演變，直到二十世紀中葉，似乎地球上的人類卻在短短幾十年內，就改變材料應用的習慣，情有獨鍾地愛上「塑膠」材料，其實我們早已不知不覺地邁入歷史空前的「塑膠時代」，這種人類重大且迅速的改變，主要起源於石油化學工業的發展。

千變萬化的高分子化學工藝

　　塑膠材料是化學工業的分工和整合的成果，首先從原油輕油裂解、分離、純化及製造各種單體原料的石化工業製程，再經由化學合成和材料加工技藝的推波助瀾，開發製造現今各種塑膠產品，不僅輕巧耐用，而且物美價廉，已經成為人類生活的一部分；人類應用塑膠材料產品的習慣程度，隨著生活水準的提高，更提升應用塑膠材料的要求，因此近年來地球上人類對於塑膠材料的需求量每年有增無減。

　　隨著高分子化學工藝的發展，陸續發明運用不同單體原料，製造多樣化合成高分子材料，如彈性體（Elastomer，俗稱橡膠）、纖維（Fiber）、塑膠（Plastics）等大類，每種高分子材料，各有獨特的性質；將兩種以上材料相互摻混加工，產生另有一種加乘性質的新材料，這是高分子化學工藝的奧妙，譬如：ABS 工程塑膠（Engineering plastics）、纖維補強塑膠（Fiber-reinforced plastics，簡稱FRP）和摻混複雜（如碳黑、白煙、塑化劑、安定劑、抗氧化劑、交聯劑等配方）的橡膠等，經過專業的加工程序，因應特殊性質和用途的需求。

　　至於泛用塑膠材料雖然單體原料簡單（圖一和圖二），但是千變萬化的聚合條件和單體原料組合，可以製造各種性質的類似材料，如聚乙烯（PE）多樣化的產品。雖然了解塑膠材料的來龍去脈，絕對是專業的範疇，但塑膠產品跟人類幾乎已到如影隨形的地

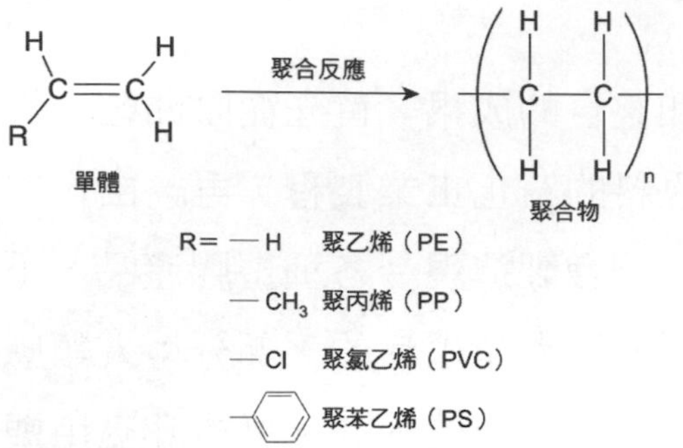

圖一：泛用塑膠聚合示意圖。

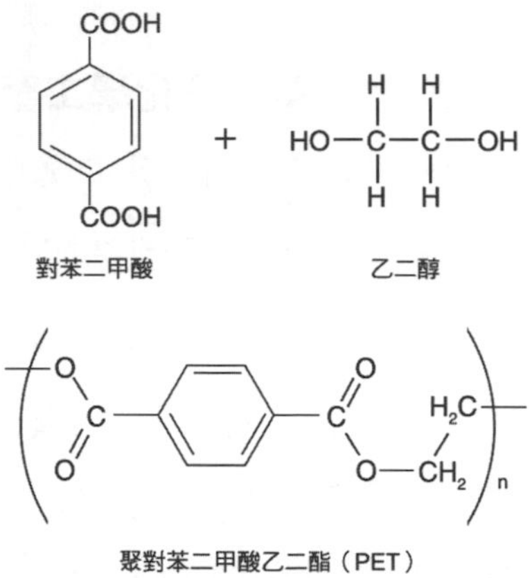

圖二：聚對苯二甲酸乙二酯（PET）聚合示意圖。

步，大家至少需要認識生活周邊塑膠產品的真面貌，這是現代人的基本常識。

了解生活中常用的塑膠材料

目前常用的塑膠材料種類，五花八門不勝枚舉；從國際生產塑膠總量統計前四名，並以使用量排序：第一、聚乙烯（Polyethylene，簡稱 PE），第二、聚丙烯（Polypropoylene，簡稱 PP），第三、聚氯乙烯（Polyvinyl chloride，簡稱 PVC），第四、聚苯乙烯（Polystyrene，簡稱 PS）等四種塑膠，國際通稱泛用塑膠（Universal Plastics）。然而我國產量居世界前茅（第一或第二）的聚對苯二甲酸乙二酯（Polyethylene terephthalate，簡稱 PET），即是國內幾乎家家戶戶天天皆會使用的 PET 塑膠（寶特瓶或聚酯透明膜）和聚酯纖

維。這五種塑膠分別是種具有高分子量（一萬或數萬單位以上）直線型的有機材料，且皆具有熱可塑性質，故均稱「熱塑性塑膠」（Thermoplastics）。

這些塑膠材料常溫時為固體，加工時經加熱軟化或熔融，並能流動加壓注模，冷卻後即為成型固體，此「熱塑性塑膠」產品邊料或廢料均可回收再重複加工應用。市面上的「熱塑性塑膠」產品底部均會烙印帶有數字的國際通用塑膠編號（圖三），表示它可供回收再利用的材質分類：

這五大常用塑膠的真實面目為何？我們就簡要介紹如下，讓讀者了解它們。

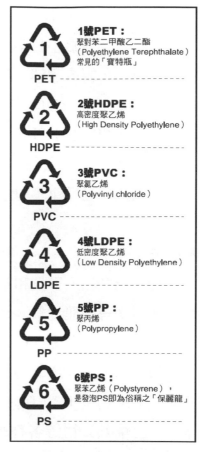

圖三：國際通用回收塑膠辨識標誌。

聚對苯二甲酸乙二酯（PET）

1950 年代杜邦生產堅韌的聚酯薄膜（Mylar film，圖二）應用太空研究材料、影音記錄磁帶、X 光或照相底片等；在 1976 年則廣泛應用於飲料瓶，也就是俗稱的「寶特瓶」。因為它的硬挺度、韌性極佳，質量輕（僅玻璃瓶的 1/9～1/15），耐撞、化學穩定性佳、攜帶方便，生產時能量消耗少，屬價廉物美的容器，用量之大幾乎達

到被濫用的階段，幸好在臺灣有獨創義工團體的回收管道，順利地將廢棄的「寶特瓶」回收，透過國內的合成纖維大廠將回收「寶特瓶」再利用，製造 PET 纖維（相同化學組成，只是分子量較低些的聚酯纖維），並成功地推廣應用於織物產品，獲得國際社會的肯定。最近「寶特瓶」PET 材質的也被應用於建材上，2010～2011 年在臺北市舉辦的國際花卉博覽會場流行館「遠東環生方舟」，就是「寶特瓶」在世界建築史上的另類應用。

聚乙烯（PE）

可分為多種分子量和不同側鏈程度的PE，提供PE的熔點、軟硬度、透明度等物理性質。超高分子量 PE（漁網、工業布膜、降落傘等用纖維）；高密度 PE（牛奶瓶、布丁盒、化學藥品容器等）；中密度PE、低密度PE、直鏈低密度PE 、超低密度PE（包裝膜、保鮮膜等）；架橋型 PE（保護墊、瑜珈墊、飲料密封瓶蓋墊片、吸波材等）；乙烯共聚物等各種軟、硬、彈性、剛性的乙烯聚合物均由聚合條件和原料可以調整。

聚氯乙烯（PVC）

應用在非食品接觸的用途，如水管、醫療用管件、家電電線、合成皮（汽車、家具沙發、皮包、皮帶、鞋面、雨衣等）、塑膠地磚等。PVC 本身製造價格便宜、加工方便、難燃性佳等優點，再配合塑化劑（Plasticizer）的摻混，可調整其柔軟性；或添加石粉等無

機粉末，以增加剛性和耐磨擦性等，亦同時具有其他塑膠材質的優點，故現今 PVC 的用途最為廣泛。

圖四：澳大利亞的通行貨幣（PP 紙）。

聚丙烯（PP）

　　主要用於蓄電池外殼、瓶罐、吸管等產品。PP 與 PE 兩者的結構極為相似，若干物理性能及機械性能比 PE 好，例如：PP 熔點可高達 140℃，可以使用蒸氣消毒或製成微波加熱專用的容器。吸管和飲料杯均是由 PP 材料所製成；至於澳大利亞的通行貨幣（請見圖四），即是使用加工 PP 膜來取代傳統紙鈔。

聚苯乙烯（PS）

　　PS 吸水性低，且其尺寸安定性佳、質輕、透明；未發泡 PS 主要應用於玩具、攪拌棒與免洗餐具杯子等；發泡型 PS（EPS，俗稱保麗龍），係利用添加發泡劑在製程中進行 20～100 倍不等倍率發泡，用於包裝家電、資訊產品、蛋糕之緩衝包裝材，或具絕熱的冰品容器、熱飲的杯子、免洗餐具等，因為處理廢棄保麗龍，僅有高溫焚化一途，我國和世界各先進國家，以環境負擔的理由，已禁用免洗餐具用途的保麗龍。

只有 PVC 需要添加塑化劑

　　五大塑膠材料，除了 PVC 以外，均屬單純的高分子材料，應用其真實的各項性質，一般可以無需藉助添加物。只有 PVC 必須添加許多添加物，如塑化劑用量（約 5～30%）調整不同軟硬度的用途，加入安定劑延長使用年限等。

　　PVC 製程中加入的塑化劑種類非常多，工業界通稱為 DOP，主要的像是 i-2-ethylhexyl phthalate（簡稱 DEHP），一些用柔性 PVC 合成皮做的物品，譬如全新的沙發、鞋子、皮包或雨衣等，我們經常會聞到一股強烈的塑膠味道，其實這就是塑化劑 DEHP 的氣味。

　　PVC 具有其他塑膠材質的優點，故現今 PVC 的用途最為廣泛。但是現有的 PVC 成品是經由複雜配方（塑化劑、安定劑、無機添加劑、顏料等）加工而成的塑膠產品，然而這些添加物的摻混，沒有任何化學鍵結，容易遷移（Migration）至產品表面，尤其應該留意 DEHP 塑化劑的毒性；雖然無法測得塑化劑溶出量是否會超過「每日容許攝取量」（Tolerable Daily Intake），因此含 DEHP 塑化劑的塑膠絕對不可以與食物或是人體長時間接觸。

　　PVC 使用後無法回收直接再利用，再加上該材質因材料所含的有機氯（Organochlorine），經高溫（焚化）處理 PVC 之過程會產生劇毒性的戴奧辛（2, 3, 7, 8 -tetrachlorodibenzo-p-dioxin，簡稱 dioxin），已證實對生物體會造成健康的危害，近年來各國已逐漸限制含有機氯的高分子材料（PVC、氯平橡膠、氯化臘等含有機氯材料）

的應用。

　　軟性PVC其所含的塑化劑將會隨產品的使用，尤其廢棄PVC產品，將逐漸逸散至空氣，或溶入地下水或河流。塑化劑 DEHP 因為屬環境賀爾蒙的一種，若累積過多將會造成環境危害，如果超過「每日容許攝取量」（Tolerable Daily Intake），更會造成接觸生物的傷害，而這也是目前社會最關心的議題。

使用塑膠應注意的事項

　　上述常用的五大塑膠材料，雖然好用、耐用、用途廣、價廉物美等優點，相當值得愛惜；也請提醒大眾避免誤用塑膠材料，造成危險，釀成環境的傷害，因為它們的若干缺點無法改變，應特別注意，譬如：

　　一、低熔點的熱塑性塑膠，容易受熱變形或融熔（除了 HDPE 和 PP 可用蒸氣消毒外），應該避免在高溫度（80℃以上）環境使用。

　　二、易燃的有機材料，絕對不可直接與火源接觸，極易引燃，（PVC 雖屬難燃材料），受高熱時均會起火燃燒，產生大量黑煙（碳化氣體），尤其PVC更會產生劇毒性的戴奧辛。

　　三、避免接觸有機溶劑（PET、PS、PVC等溶於丙酮、甲苯等溶劑）或油脂等，它們均是直鏈型（未交聯）的有機高分子，有可能會有較小的分子材料會被溶解。

　　我國的塑膠材料工藝已是國際領先的強國，雖然我們並沒有石

油資源，卻擁有穩定的塑膠材料原料來源和產品應用技術，尤其開發跨領域材料應用技術，我們具有開發新產品的獨特環境和競爭優勢。在二十一世紀「塑膠時代」享受物美價廉的塑膠產品，對於我國長年持續貢獻的科學家、工程師、有眼光的企業家，表達由衷敬佩之意。

（2011 年 7 月號）

蘊藏在原子核中的能量
──充裕、高效的能源

◎─李敏

任教清華大學工程與系統科學系

原子核由緊密結合的質子與中子所構成，外圍環繞著電子，而原子核的融合與分裂可釋出超乎預料的龐大能量，成為人類文明進化的動力。

早在西元前 400 年，希臘哲學家德謨克利特（Democritus）即提出原子（atom）的名稱，1803 年英國化學與物理學家道耳吞（J. Dalton）提出原子假說，認為物質是由不可再分割之原子所構成。

發現原子結構的歷史

1897 年，英國物理學家湯木生（J. J.Thomson）指出原子中含有帶負電之電子。當時認為，電子是均勻地分布於原子的空間內。到了 1911 年英國物理學家拉塞福（E.Rutherford）利用α粒子撞擊金

箔，發現帶正電之原子核。此項發現使得原子內的電子如何抗拒原子核的庫倫力，不被吸入，成為一個待探討的議題。1913 年，丹麥物理學家波耳（N. Bohr）提出氫原子之量子理論模型解釋氫原子之光譜，也唯有以量子理論才能解釋帶正電之原子核與帶負電之電子間運動關係，從此進入量子力學的紀元。

　　氫原子核是最簡單的原子核，其電荷為 1，質量數亦為 1，故氫原子核本身應為構成原子核的基本粒子之一；但電荷數為 2 的氦原子核其質量卻約為氫原子核的 4 倍，代表原子核中尚有另一種不帶電的粒子，後來被稱為中子。1932 年，英國物理學家查兌克（J. Chadwick）指出 1930 年德國核子物理學家波赫（W. G. Bothe）及貝克（H. Becker）利用α粒子撞擊鈹（Be-9）原子核，產生穿透力極強之不帶電粒子即為尋找中的中子。至此可以確認原子是由原子核及環繞原子核進行軌道運動的電子所構成，而原子核則由質子（氫原子核）及中子所構成。

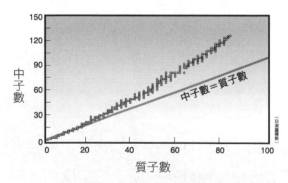

圖一：自然界穩定存在之核種，其原子核內質子與中子數的配比關係圖。較輕的核種中其質子數約略等於中子數，而較重核種的中子數大於質子數。

天然放射性核種

　　如圖一所示，自然界中存在著許多不同的原子核，而原子的化學與物理特性由質子數決定。中子數不同但質子數相同的原子在週期表上有同樣的位子，故稱為同

位素。自然界穩定存在的核種，其中子與質子數須滿足如圖一之關係，否則即會釋出β粒子或α粒子等放射性粒子，藉此改變原子核的組成以尋求穩定的狀態，此過程稱為放射性衰變，而會釋出放射性粒子的核種即被稱為放射性核種。

　　每一個放射性核種都有特定的衰變速率，而所謂的半衰期是指核種的總量減少至初始值一半所需的時間。自然界存在的不穩定核種包含鈾-238（半衰期 45 億年）、鈾-235（7.1 億年）、釷-232（140 億年）、銣-87（480 億年）與鉀（13 億年）。圖二所示為鈾-238核衰變後之一系列的產物，核衰變後形成之「子核」可能更不穩定，會再進行衰變，最後成為穩定的鉛-206核種，前述之自然界長半衰期核種的持續衰變即是自然界背景輻射的源頭之一。

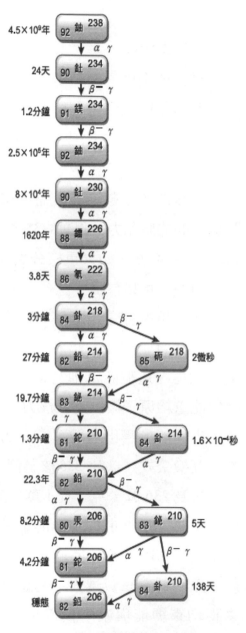

圖二：鈾-238 核衰變系列。鈾-238 經過一系列的衰變，最後成為穩定的鉛-206。

原子核的束縛能

原子核由中子與質子所構成，質子帶正電荷，多個質子同存在於一個極小的空間會有極強的庫倫斥力，而原子核能夠穩定存在，勢必有其他的力量來克服質子間的庫倫斥力，這個力量也就是核力。核力存在於各核成子（質子與中子的統稱）間。如圖一所示，當原子核的質子數增加，需要有更多的中子，以形成較強的核力克服質子間的庫倫力；以鈾-235 核為例，其質子數為 92 ，而中子數為 143。可想而知，如果重核分裂成兩個較輕的原子核，一定會有多餘的自由中子可以釋出。

原子核的存在是靠核力將中子與質子束縛在一起，換句話說，當中子與質子聚在一起形成原子核時會釋放出能量，以尋求一個穩定的狀態，這個能量稱為束縛能。如果要將原子核「打碎」，必須提供能量給原子核以克服核力。

束縛能的釋出造成了質量的減少，其間的關係即為愛因斯坦的質能互換公式。以鈾-235核為例，92 莫耳質子與 143 莫耳中子質量加在一起為 236.82 公克，而 1 莫耳鈾-235 的質量為 234.96 公克，質量差異為 1.86 公克，其換算為能量是 1.67×10^8 百萬焦耳（MJ），相當於燃燒 3.77×10^6 公斤的石油。

原子核質量數越大，其總束縛能會越高，但是原子核各核成子之平均束縛能與原子核質量數間有如圖三所示之關係。如圖三所示，每核成子之束縛能在鐵-56 會有極大值，然後隨著質量數上升會

緩慢地下滑。換句話說，如果有辦法讓一個較重的原子核，分裂成兩個較輕的原子核，會因總束縛能的增加而釋出能量，當然新產生的兩個原子核與數個自由中子的總質量會較原來的重核為少，這個現象稱為核分裂。如果兩個質量數較小於 60 的核種結合成一個較重的核種，也會有能量釋出，此現象稱為核融合。

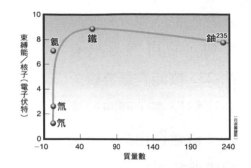

圖三：核成子平均束縛能與原子核質量數間的關係。輕原子核束縛能隨質量數的增加而迅速增加；鐵－56的平均束縛能達到極大值，之後核成子平均束縛能隨原子質量數的增加而緩緩下降。

核分裂與核融合

　　重核發生分裂需有適當的方法將能量「注入」重核，使其處於激發的狀態，激發態造成原子核的形狀改變，當原子核內的質子形成兩個中心，其間的庫倫斥力會將原子核分成兩塊，引發核分裂。

　　將能量「注入」重核的方式為利用中子撞擊重核，因為中子不帶電可以直接進入原子核，原子核吸收一個中子後，會釋出該中子的束縛能，所以新形成的複成核（重核＋中子）會處於激發態；若激發態具有足夠的能量讓質子形成兩個中心，則複成核即有機會分裂。形成兩個質子中心所需要的最小能量稱為臨界能量，若複成核形成時釋出之中子束縛能大於臨界能量，該重核即具有分裂的潛力；另一重要的現象是核分裂時會有自由中子產生，會繼續誘發核

分裂，形成核分裂連鎖反應，而自然界只有鈾-235 核能夠維持核分裂連鎖反應（圖四）。

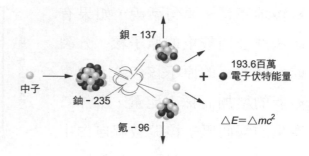

圖四：核分裂連鎖反應，1 公克鈾的分裂可產生 960 瓩‧天（以功率 960 瓩做功 1 天）的能量；一公斤鈾的分裂相當於 1 萬 6,000 公噸的黃色炸藥。

核融合現象的產生則需要將兩個輕核帶到極其接近的程度，使其核成子間產生核力，形成新的原子核（圖五）。而原子核帶有正電，為了使原子核極其接近，必須以極大的動能來克服庫倫斥力。核融合的發生需要將輕核加熱到近似太陽的溫度，使其存在於電漿態，

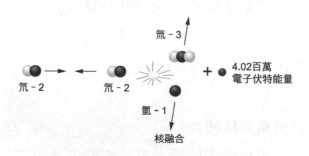

圖五：核融合反應，黑色粒子代表質子，白色粒子代表中子，兩顆氘的原子核結合之後成為氦，氦的原子核有一顆質子和兩顆中子，並釋放出氫原子和能量。

目前最大的困難為如何設計出適當的方法或容器，能夠長時間地容納電漿，讓其發生連鎖核融合反應。目前商用核分裂反應器也已經使用了近五十年，但商用核融合反應器至今尚未完全發展成功，為了解決未來的能源危機，核融合反應器的研發是當前的重要議題之一。

（2011 年 2 月號）

福島核電廠輻射外釋事件
——灰色的春天

◎—魏和祥

任教淡江大學化學系

核能的發現促進能源與醫療的發展，宛如發現上天賜予的寶物，我們對核能抱著種種期待，但水能載舟亦能覆舟，此次日本的核災危機，為全世界的人針對核安問題上了一課，警示人類面對核能應有的謹慎。

日本福島核能電廠發生事故，有下列幾點核能的資訊，值得大家參考，建立一些基本認識。

福島第一核能發電廠基本介紹

福島第一核能發電廠總共有六座反應爐：編號一～六。全部屬於沸水（壓水）式反應爐（The Boil Water Reactor, BWR），其中三號爐的核燃料鈽（^{239}Pu）是由鈾-238（^{238}U）孳生而來。而其他反應爐的核燃料是鈾-235（^{235}U，濃度約 15%以下）。

核能發電設備最重要有「反應爐」以及「熱交換及冷卻系統」。反應爐中重要的有核燃料棒及其包殼（Cladding）、中子源、控制棒、爐的容器、水（圖一）。一、二、四、五號核燃料棒為二氧化鈾（UO_2）及八氧化三鈾（U_3O_8），三號核燃料棒為二氧化鈽（PuO_2），是由^{238}U孳生之MO_x式（金屬氧化物的混合物，M 代表金屬)，其中內含少量約 0.3%鈾-235。中子源以鈹-9 同位素（^9Be）為主，控制棒（control rod）是要控制連鎖反應的物質，因此材料為易吸收中子者，如銀銦鎘的合金（Ag-In-Cd alloys）。核反應爐的容器為強化鋼筋混凝土（Reinforced concrete containment vessel, RCCV），並充滿了水。

地震海嘯來襲 福島一廠失守

2011 年 3 月 11 日外海淺層（24 公里）發生芮氏 9.0 級大地震，

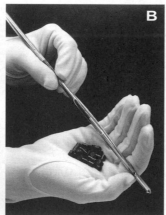

圖一：（A）反應爐內觀、（B）核燃料塊（U-235）、（C）控制棒（圖片來源：維基百科）

並產生了十五公尺的海嘯，使核能發電設備遭受嚴重破壞。由於外圍電力供應被破壞，無法電動運送冷卻水進入爐內，不能將熱蒸汽冷卻，而使爐內水的溫度升高，致爐心溫度也升高，引發了一系列化學反應及氫氣爆炸。

氫氣爆炸並炸開外反應爐上建築物的原因是什麼呢？從熱力學觀點來看，水必須要在 2,000℃以上，方能分解為氫氣及氧氣，因此，即使水形成為高溫水蒸汽也不易分解，不會有氫爆。核燃料棒的包殼必須是吸收中子效率很低的材料，鋯（Zr）就是具有這種特性的元素之一。包殼材料就是使用鋯合金，其中含有 98%的鋯，以及其他少量的鐵、鎳等。可是，當爐心溫度高達到約 900℃時，就會進行下面的化學反應，引發氫爆：

$$Zr + 2H_2O \rightarrow ZrO_2 + 2H_2$$

隨著氫氣爆炸之後，水量突然大量減少而降低水位，致核燃料棒露出水面。

輻射外洩之因與輻射汙染之慮

這次有放射性元素「銫-137」（^{137}Cs, Cesium)，以及「碘-131」（^{131}I, iodine）的外洩，由於這兩種核種（Nuclides）都放出β－射線，對身體破壞力較強。因銫-137 是原子爐內才會有的放射物質，如果在核電廠周圍檢測出銫-137，表示原子爐已經有小量熔解而破

福島核電廠發生輻射外洩事故，政府緊急疏散當地 30 萬居民，照片中穿著防護衣的工作人員正在檢測從福島核電廠附近疏散的孩童身上的輻射量。（圖片來源：REUTERS/Kim Kyung-Hoon）

損的現象，表示爐心溫度超過固體核燃料熔點約 2,000℃ 以上，所以才會漏出鉋-137。

為什麼要吃碘片（KI）呢？主要是讓體內碘的濃度飽和，就可防阻甲狀腺吸收外界的碘-131（^{131}I）。但是目前輻射劑量不是很高，不用擔心，而且因為碘-131 的半衰期只有 8.02 天，消失的很快。在臺灣，日本的輻射塵又不易吹來，不管如何，實在不用吃碘片。另一方面，鉋-137 的半衰期約 30.17 年，若爐心溫度降不下來，那後果就比較堪慮了。

搶救福島一廠 日本的緊要措施

第一步就是從陸、海、空灌水到反應爐心及爐內之使用過核燃料儲存槽，使爐心溫度下降，最好在 100℃ 以下，不再有水沸騰氣爆發生。另一方面灌入硼酸（B_2O_3），它是最好的中子吸收劑，可降低中子源，抑制核反應。其次就是外接電力，將冷卻水恢復自動運轉，這才是真正的解決之道。

為什麼三號爐之搶救最為重要？因為三號爐的核燃料主要是

鈽-239，若爐熔化爆炸，鈽-239對人類災害相當大。除輻射線之外，鈽-239的生命期（life-time）更長達 2 萬 4,000 年，為害久遠。

從 3 月 21 日凌晨起，已將一～六號爐全部降溫到 100℃以下，表示經過這些天的灌救，似乎已經奏效，但仍應多加注意，防止其再度升溫。此外，一、二、五、六號機也已成功外接電力，將冷卻水恢復自動運轉，這是好消息，希望三、四號機也能如此。但是否能正常復原運轉，仍是未知數。

三號機之爐內氣壓，起初尚未降到安定狀態，但現在已獲控制，應該不會有爆炸的可能。以專業角度來看，福島第一核能發電廠事故之危機，應已大致解除，但還要注意觀察及警戒。

輻射線劑量單位及自然輻射線

西弗（sievert, Sv）：是衡量輻射劑量對生物組織的影響程度的單位，用來表示輻射對人體影響的程度，而 1 西弗＝ 1 焦耳／公斤（J/kg）。但西弗單位表示相當大，所以常會用毫西弗（mSv）與微西弗（μSv）來表示，1 西弗等於 1000 毫西弗，而 1 毫西弗等於 1000 微西弗。接觸到的環境只要維持在 100 毫西弗以內都是正常可接受的，據 3 月 21 日早晨的報導，核能發電廠上空及附近偵測到的劑量已從 3.5 毫西弗下降至 2.5 毫西弗，而工作人員暴露量超出 100 毫西弗，雖不大好，但無致命性危險。

自然存在的放射性元素：日常生活中我們人類本身就暴露在地球自然的放射性環境中。超過 60 種放射性核種元素（radioactive elements）與地球同在（表一），加上宇宙線造成的氫-3（H-3）、鈹-7（Be-7）及碳-14（C-14）都包括在內。許多放射性核種幾乎與地球形成同時一起誕生，存留至今。而且，這些放射性核種與無放射性同位素（原子序與化學性質相同）共同存在。因此人類原本就暴露在其中，尤其愛好奇晶玉石者，暴露的機會更多，但也不必太擔心，不致於嚴重危害身體。根據美國的研究，成年人每天接受之自然輻射線有效劑量約為10微西弗，一年累積為3,600微西弗，人的一生（一百年）就會接受 36 萬微西弗，就目前日本人的壽命來看，他們有近一百多萬人超過一百歲，可見低劑量輻射線對人類並非致命性的重要因素。

至於有人擔心這次福島核電廠事故散布到太平洋的銫-137，是否會毒害海洋生物？以目前輻射劑量強度，在核電廠的近海暫時會有汙染，但不久後溶入海洋，濃度及強度都會稀釋到相當微小，因

表一：地球上主要的放射性核種元素

放射性核種元素	
鉀-40	釓-152
銣-187	鎦-176
鎘-113	鉿-114
銦-115	鐳-226
碲-123	錸-187
鑭-138	鋨-186
釹-144	鉑-190
釤-147	釷-232
鈾-235	鈾-238

此不用擔心。反而要擔心的是不斷地從深海地震地殼或岩石內部釋出之自然放射線核種。

核能發電原理

　　核能發電的原理，是利用中子（n）撞擊核鈾-235 或鈽-239，造成核分裂而產生熱能，利用熱交換給水，產生高溫水蒸汽去推動渦輪機及推動發電機。而高溫水蒸汽再被外送來的冷卻水冷卻後，再循環回送爐內。圖中所示為壓水式反應器系統。壓水式反應器的冷卻水不會在反應器內汽化為水蒸汽，自反應爐流出之高溫的水，進入蒸汽產生器的一次側，將熱傳給二次側，造成流經二次側的工作流體沸騰為水蒸汽而推動汽機。

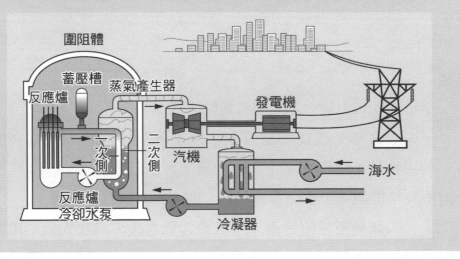

事故後電廠留存、輻射殘留問題

　　福島核電廠方圓 20 公里內暫時不宜久留，不宜飲用、食用當地

的水或動、植物，需等輻射汙染處理過後才可以。各反應爐均已降溫，不致再有輻射外洩的可能，輻射汙染不致加深。

因曾經用海水灌救過反應爐，所以反應爐不可能再使用。日本政府於 3 月 20 日宣布，福島第一核能發電廠一～六號機有可能廢爐停止運作，其中破壞不大的一號或五、六號或許暫時可運轉，來協助自動處理爐心的核燃料安全移除，但也是暫時性，終究會完全停止運作。

調查及處理福島核電廠方圓 30 公里以內之各種物件，如土地、河川、作物等的輻射汙染，是一件大工程。這一點，因日本曾受原子彈侵襲過、對這方面有相當經驗。不過這六座爐最好在停止運轉之後，能把核燃料棒抽出，外移並冷卻，棄除中子源及降低輻射強度。

結語

從這次的核災難，本人列有幾點省思：

一、一百年來核能的悲喜劇，大家要回首居禮夫人當初的期待，利用核能治病與和平用途。今天，人類已享受了六十多年的核子醫療及核能發電，核能本身無罪，而天災人禍致之悲劇。

二、人類最不該的是第一次世界大戰之後，二次大戰的兩顆原子彈（廣島的鈾原子彈，長崎的鈽原子彈），人類自相殘殺的數目是地球動物史上最為殘酷。從 1950～1990 年期間，美蘇兩國為首，把核能技術的研究發展，集中在核子武器，而把核能發電的技術研

究發展看成次要。到目前為止，雖然法、德、日等國沒停止發展，但力量有限。

　　三、臺灣的核能電廠型號與結構建造（由 G.E.授權日本建造），皆與日本福島第一核能發電廠大同小異。這次日本核能災難的救災與今後處理的方法，都值得我們借鏡。

　　四、人類物質文明至今日，面臨能源問題、環境問題、溫室效應問題，要何去何從必須好好省思。

（2011 年 4 月號）

輻射與生活

◎—張仕康、門立中

皆任職行政院原子能委員會核能研究所

在今日，輻射普遍被應用在各式現代化設備，若能夠對它有正確的認知，注意安全防護，我們便可以安心享受其所帶來的各種便利。

輻射在我們生活周遭無所不在，舉凡太陽光、燈光、X 射線、γ 射線（伽瑪射線）、微波、雷達、電視與調頻無線電波、手機用低頻通訊電波、地殼輻射、氡氣或人體內「鉀-40」元素所產生的輻射均屬之。因此若我們能夠對輻射有正確的認知、因勢利導，便能利用它增進生活利益，並避免身體健康的損害。

什麼是輻射？

輻射是一種能量傳遞的形式。通常依能量高低，可區分為游離輻射（>10 keV）與非游離輻射（<10 keV）兩大類。其中游離輻射又可分為不具質量的電磁輻射（如γ射線、X 射線）與帶有質量的粒子

輻射（如α粒子、β粒子、中子、高速電子、高速質子及其他粒子）兩種；非游離輻射則是紫外線、可見光、紅外線、微波、雷達波、電視，以及廣播電臺所使用調頻（FM）無線電波、調幅（AM）無線電波、長波無線電波等。一般人所常接觸到的各類輻射如圖一所示。

　　以來源來說，輻射可區分為天然輻射（如宇宙射線、地殼輻射、氡氣、人體輻射），與人造輻射（如醫療輻射、核能發電、核爆落塵、加速器製造之核種）。天然的宇宙射線，源自天體各恆星不斷進行核融合，像是一座座活的核反應爐，不斷反應，放出光、熱以及各種放射線；地殼射線來自地球礦區含有鈾、釷系列等放射性元素，進行連鎖反應而釋出各種放射線；人體輻射則是因飲食間，攝入含放射性同位素「鉀-40」累積在體內造成的。

游離輻射產物種類及性質

　　因為核輻射的能量在百萬電子伏特（MeV）的範圍；原子輻射的能量在千電子伏特（keV）的範圍。這些游離輻射可游離物質之分子，產生正負離子對，照射生物體（如 DNA）作用，可使分子鍵斷

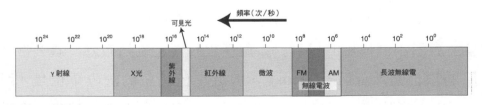

圖一：電磁波能譜圖。

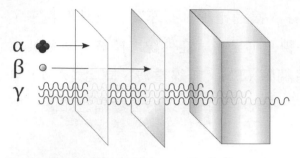

圖二：三種游離輻射的穿透性。α粒子可被紙所阻擋，β粒子可被鋁箔所阻擋，γ射線則具有高度穿透性。（圖片來源：維基百科）

裂，干擾生物體內結構，引起生物效應，直接危害人體健康。游離輻射隨時隨地都存在，但因我們察覺不到，所以沒有警覺，等到身體受害，可能已為時過晚。因此在輻射領域內可說是最危險的部分，故有必要了解它們是什麼，以及有何性質。

　　游離輻射產物大致來說可分為α射線（阿法射線）、β射線（貝他射線）、γ射線、X光及中子。α射線為氦（He）的原子核，帶兩個正電，它對其它原子游離能力最強，但穿透力最弱，一張紙就可阻擋；β射線即電子，帶一個負電，以鋁板可阻擋；γ射線或 X 光均為光的形式釋放的一種能量，穿透力最強，需要混凝土或數公釐厚鉛板才可阻擋。這些射線都由很小的粒子構成，看不見、摸不到、嗅不到，須藉助輻射偵檢儀器才可知道它們的存在（圖二）。

輻射的單位及單位換算

　　「劑量」是用來表示人體接受輻射多寡的量；一般常用「等效劑量」表示不同種類的輻射對人體產生相同之生物效應。過去常被使用的單位是「侖目」（rem），但近來已被新的國際單位是「西弗」（Sv）所取代（1 西弗＝ 100 侖目＝ 1,000 毫西弗＝ 1,000,000 微

西弗）。「活度」是放射性同位素在單位時間內衰變的次數，活度愈大放射性愈強。活度的國際專用單位為「貝克」（Bq，即一次衰變），另一常用的舊單位為居禮（Ci），（1 居禮 ＝ 37 億貝克）。上述單位除侖目外，西弗（Sievert）、居禮（Curie）、貝克（Becquerel）均為人名借用，以茲紀念他們對輻射研究的偉大貢獻。

輻射的劑量及限值

在日常生活中，人類常接觸到各種輻射，不同的輻射劑量對人體也會造成不同的影響。流行病學調查指出，當短期內所接觸到的輻射

名 詞 註 解

▶ **keV**：其定義為 1 千電子伏特，為能量單位。1 電子伏特為 1 個電子經過 1 伏特的電位差所需的能量。

▶ **游離輻射**：游離輻射是指可以把電子游離出來的輻射。原子由原子核及外圍環繞的電子組成，而原子核對外圍電子具有束縛能，牽引對方不使逸出正常運行的軌道，但當電子自外界獲得的能量大於原子核對該電子的束縛能量，則該電子會脫離原子而射出，使原先呈中性的原子，變成一帶正電，一帶負電的離子對。此種作用過程，即稱為「游離」。造成游離作用的輻射，就稱之為「游離輻射」。

▶ **非游離輻射**：若電子自外界獲得的能量不足，僅能造成電子在原位置振動，或離開原位能階暫跳到較高能階上，則稱之為「激發」。而僅促成激發的輻射，或因能量過低，不足以造成任何反應的輻射，統稱之為「非游離輻射」。

▶ **電磁輻射**：γ射線或 X 射線是種帶有高能量的光，本身不具質量，其前進時依賴電磁波方式進行，是為電磁輻射。

▶ **粒子輻射**：α粒子、中子、電子、質子等都是具有質量的有形粒子，它前進時係以直線方式進行，是為粒子輻射。

> **鉀-40**：金屬鉀存在於天然環境中，主要以「鉀-39」、「鉀-40」、「鉀-41」等三種同位素同時存在，其含量百分率分別為 93.2518、0.0117 與 6.7302。此三種同位素具相似之物理與化學性質，互為一體密不可分。其中只有鉀-40 為不穩定態，會放出 1460 keV 之γ射線，它的半衰期（損失一半質量所需之時間）為 1.25×10^9 年。一般人主要食物如米、蔬菜、水果中均有這種放射性物質存在。人類經由食物鏈吃進體內，並累積為一天然輻射源，然此微量之放射性早為人體接納，人體新陳代謝功能足以調節鉀的需求量，不致危害健康。

劑量低於 100 毫西弗時，對人體沒有危害，而任何個人多年累積的微量輻射劑量（低於 100 毫西弗），也不致造成負面的健康效應。各種活動所接觸之輻射劑量及限值如圖三所示。法規對從事輻射相關的從業人員訂定 50,000 微西弗（即 50 毫西弗）年劑量的上限，一般民眾更低到 5,000 微西弗，以茲保護大眾不受輻射傷害。電腦斷層掃描則視掃描區域多寡，自 2,000 至 1 萬 6,000 微西弗不等，而癌症放射治療一次更高達 200 萬微西弗，因治病所接受的劑量不在管制範圍內，但不必要的斷層掃描能免則免，避免遭到輻射傷害。

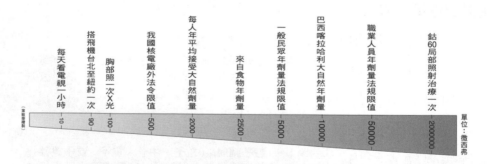

圖三：輻射劑量限值圖。具「限值」名稱之項目為政府制定的上限標準，其它項目為從事各該活動所接受的劑量近似值。

輻射防護方法

　　輻射防護可區分為體內及體外防護；體內防護方法為避免放射性物質經由呼吸、飲食或經由皮膚滲入體內，所以可視作業場所需要穿著防護衣、戴防護手套、戴呼吸防護面具、工作區禁止吸菸及飲食、工作後吃東西前要洗手等；體外防護採取遠離輻射源（輻射劑量與距離平方成反比）、減少輻射照射時間與增加屏蔽阻擋輻射等三種方法遂行輻射防護。

輻射在生活中的應用

　　不同頻率、來源的輻射，所造成的效應不盡相同，因此也有不一樣的用途，在此介紹在生活上常接觸的各式輻射應用，使讀者能夠了解輻射在我們身邊所扮演的角色。

　　煙霧偵檢器：現代建築物中使用最廣泛的消防設備，裡面含有低放射活度的鋂-241（Am-241）射源，鋂- 241 放出α粒子而游離煙霧偵檢器內的空氣，使空氣具導電性，任何進入偵檢器內的煙霧微粒會抑低電流而啟動警報，告知火警。

　　手錶及時鐘：舊式手錶和時鐘用鐳-226 當夜光的光源，當要維修這些鐘錶時，鐳-226 可能會被碰觸或攝入體內，造成輻射傷害，現代則改用氚（H-3，一種氫的同位素）或鉕-147（Pm-147, Promethium）。

　　陶瓷器：包含磁磚、陶器等，一些陶瓷器為了美觀，添加含有

鈾、釷、鉀等放射線的釉料，可燒出色彩艷麗的產品，這種產品避免當食器使用，以免攝入放射性物質。

玻璃：含鈾的玻璃可製成黃色或綠色的古董器皿，它在黑暗中會發出吸引人的光；甚至普通玻璃亦包含足夠高的鉀-40 或釷-232，能被偵測器量到輻射；早期 60 年代照相機鏡頭經常使用釷-232 塗裝以改變其折射率。

電銲條：電銲使用的銲條中釷元素約占 2%，約含 30 微居禮的放射活度，添加釷的原因是增加交流電流的運送容量及減少電極的腐蝕。

肥料：商業肥料被設計為含有各種氮、磷、鉀等特殊用途的配比，實際上當中含有放射性成分。被量到含放射性主要有兩個原因：一、鉀是天然的放射性元素；二、磷是從已提高鈾濃度的磷礦中開採而得。

手機與基地臺：手機是傳送和接收微波的低功率無線電元件，頻率一般介於 900800 兆赫（MHz）之間。國際間對無線電波輻射的負面健康效應有一致的共識，手機發射的無線電波能量，有一部分會被使用者頭部吸收，大多屬表皮組織。英國國家放射防護局建議而被英國政府所採行的頭部防護標準為 0.1 瓦／10 克組織（六分鐘平均值），此計算值是基於，即使延長使用手機，所造成的頭部最大溫度上升值必須小於 1℃。英國實務經驗指出這類似於人們正常每天身體溫度的變化值範圍內，且如此小的熱負載變化被認為太低而不致造成負面的健康效應。民眾正常由基地臺天線接觸到的輻射，是

全身性的均勻曝露，全身質量的能量平均限值是 0.4 瓦／公斤質量（十五分鐘平均值），使用手機傳送器所產生的無線電波是如此微弱，所以只有在一個人直接在天線正前方幾公尺範圍內才有可能接受到超過這輻射參考指引的值。離基地臺天線距離愈遠輻射強度隨著距離的平方成比例下降，無線電波並沒有足夠的能量來傷害細胞內的基因物質（染色體 DNA），所以不會致癌。

變電所：電場由電壓產生，一般家用兩孔插座的電壓為 110 伏特，電器設備則無論使用與否，只要在待機狀態其周圍便有電場，常用單位是千伏特／公尺（KV/m），磁場是由電流產生，電器設備在使用時即有電流流通，其周圍就會產生磁場，常用單位為毫高斯；電磁場是一種非游離且無熱效應的輻射，能量很弱，遠比會產生溫度效應的微波或光為低。所謂電磁場包含「電場」及「磁場」，電場很容易被金屬外殼或鋼筋混凝土牆所隔絕，一般家電及電力設備，因有金屬外殼存在，故外表幾乎沒有電場。磁場卻很難隔絕，但如方向相反、大小相同的電流所產生的磁場可相互抵消，所以三相輸電的電力線比單相電力線所產生的磁場會小很多；臺電公司的輸電線均為三相線路，故其產生磁場經相互抵消後，實際已甚低。

依國內外資訊與文獻報導，磁場與人體健康的關聯性目前尚無定論，且關聯性未必表示有因果關係。目前先進國家或機構對於電力磁場之限制，在此提出推薦值供參考，例如國際輻射防護協會對於一般民眾全天候曝露於磁場限制之推薦值為 1,000 毫高斯，此為世

界各國中最嚴格的建議參考值。另外，家電產品中的吹風機及電鬍刀有上萬毫高斯的磁場值得注意，使用時間越短越好。

紫外線：人類曝露的紫外線主要來自陽光，依其波長及生物效應，分為近紫外線（UVA）、中紫外線（UVB）及遠紫外線（UVC）三類。其中 UVA 是到達地球表面最多的紫外線，它對皮膚的效應不大，但其可誘發光的毒害，如誘發狼瘡；UVB 只占到達地球表面的 10%，但其確具 1,000 倍於 UVA 對日曬及相關皮膚的傷害，且會增加皮膚癌症的風險；UVC 使用於殺菌燈，能被空氣吸收，所以對人體幾乎沒有傷害。大氣臭氧層於清晨及下午過濾紫外光最有效，從上午十時至下午四時紫外光穿透量最大，UVB 強度於海拔每升高 300 公尺便增加約 3%，其跟光一樣會從各種物體表面反射，但水蒸氣不但不會吸附也不會反射很多的 UVB，所以即使多雲的天氣也不會提供對 UVB 任何防護。

醫療輻射：在人造輻射中，醫療輻射占主要來源，包括 X 光檢查、核磁共振檢查、電腦斷層掃描及癌症放射治療等。醫療性輻射曝露所接受的劑量不計入法規限值。

核爆落塵：核武爆炸產生的落塵會隨氣流飄落世界各地，對人類影響最大，放射性物質不論降至水中或土壤，都經由食物鏈進入人體，造成永久性傷害。

民生應用：農業上利用輻射照射改變基因，改良農作物，增加收成產量或使花卉植株矮化照樣開花，也可照射害蟲後使喪失生殖能力後野放，如果蠅即是；木材經照射後結構轉強，用於製造槍

托；普通玉石經照射後顏色增艷提高價值；農產品照射後可以延長保存期限，如馬鈴薯、大蒜不會發芽屬之；醫療器材照射後達到消毒滅菌效果；考古學利用輻射進行年代測定，如碳-14定年法；工業上利用輻射進行非破壞檢測，例如飛機機身裂縫檢測、輪船水櫃或油櫃存量檢測等。

核能發電：核能電廠採行的是「深度防禦」的輻射安全防護設計，有多重可靠的工程屏蔽設計，加上管制上應用距離平方反比與時間的控制，在鄰近廠區周邊的輻射背景值均在自然輻射背景值的變動範圍內。

職業輻射：核能民生、工業及醫療應用從業人員，例如核能電廠員工、非破壞檢驗人員及 X 光機操作人員等，一方面其出於志願且經專業訓練合格或持有專業證照，所以會較一般人接受到輻射的機會與劑量較多，唯仍均合乎各國政府授權管制機構及國際放射防護委員會建議的安全值範圍內。

結語

自 1895 年物理學家侖琴（Wilhelm Rontgen）發現 X 光後，輻射就逐漸被人們應用在生活相關的事物上。在醫療方面可用於診斷疾病，以更明確了解病情，使醫生更能對症下藥，同時也可用來殺死癌細胞以治療癌症患者，提昇疾病的療效。在農業方面，可以利用輻射從事農作物品種改良，食品照射使食物保存更久，減少採收後的損失；在工業上可利用輻射進行各種非破壞檢測及有關厚度、密

度、液位等品質控制，這些都是輻射帶給我們的利益。雖然不可否認，濫用輻射的確可能會對人體造成不同程度的傷害，但只要正確的使用輻射，導致這些傷害的機率都是極低的。因此，實際上輻射就像水、火、瓦斯一般，在提升人類生活品質方面扮演著重要的角色，只要能了解輻射的特性，注意輻射安全防護，我們就可以安心享受輻射帶給人類的福祉。

（2011 年 7 月號）

參考資料
1. 鄭琨琮，《漫談生活中的輻射》，中華民國核能學會，2004 年。
2. 行政院原子能委員會，《輻射知多少》，行政院原子能委員會，2009 年。

石油用完了怎麼辦？

◎──高憲章、王文竹

高憲章：任職淡江大學化學系

王文竹：任教淡江大學化學系

永遠不會有便宜的石油了，油價居高不下就是石油供不應求的警訊，能夠取代石油的新能源，卻遲遲未能問世，更讓科學家憂心如焚。隨著生活水準的大幅提升，地球人口已破 70 億，石油的需求勢必加劇，一份來自能源部門的調查報告指出，目前全世界石油的存量，大概只能再用三百年，不禁讓人擔憂石油用完了怎麼辦？

石油是能源也是資源

原油成分相當複雜，要經過「分餾」，將裡面不同分子量的碳氫化合物分開，才能一一利用；像是車子所加的汽油就是其一。石油是現代生活最主要的能源，絕大多數的運輸工具都使用它當作驅動能源，發電廠也靠它來發電。遺憾的是，能源的利用效率仍不理

想，即使已經運用了新科技，內燃機的效率最多也只能達到 20%，而未能善加利用的寶貴能源就以廢熱、廢氣的方式排放，不但浪費能源，更造成環境汙染，二氧化碳就是造成溫室效應的禍首。石油另一個重要角色就是擔任各種化學工業產品的原料，舉凡日用品、藥品、塑膠、肥料、農藥及人造纖維，都必須靠它來合成生產，換而言之，日常所需幾乎都是來自石油。所以石油既是能源，也是資源。

石油用完怎麼辦？

沒有石油，人類的生活會有怎樣的影響呢？失去農藥及動力機械，現代農業生產力瓦解，糧食供給失衡；缺乏物流運輸，商業活動急速萎縮，全球經濟陷入大衰退，因此世界各國莫不積極投入新能源的研究。代替石油的能源很多，諸如：核能、水力、風力、海洋力、地熱、太陽能、生質燃料、燃料電池等，各有其優、缺點，更有待科技的研究與發展。

核能在短期內仍為必須的選項

核能發電是利用核反應來獲取能量，核反應釋放出來的熱，驅動蒸汽機提供動力，連接發電機來產生電能，由於沒有溫室氣體產生，是近期的未來重要選項之一。但由於放射性核廢料的保存，及隱藏著洩漏的危險，因此核能的發展始終存著爭議，尤其是發生重大災難時，核燃料與核廢料可能失去冷卻系統，若無法及時冷卻，

高溫高壓則會摧毀圍阻體，造成嚴重的核汙染意外，福島第一核電廠事故正是一例，因此儘管核電技術已相當成熟，還是一直頗有爭議，但核能在短期內，仍為兼顧能源，達成溫室氣體減量，必須的選項之一。核融合是很乾淨，但有個「矛與盾」的問題，有了溫度上萬度無堅不摧的矛（核融合）了，但找不到無敵不禦的盾（容器），雖用磁浮加以懸空，但仍無法穩定控制。

綠色未來正萌芽

水力是一種乾淨的能源，但是使用限制較大，地球上可用的大多均已開發，而且建造水壩可能造成生態與氣候的巨變；至於風力及海洋力發電，都具有源源不絕的優點，但是能量密度過低。且海水溫差發電、潮汐發電、洋流發電、波浪發電，以目前技術而言，在海洋中架設管路，不但資金龐大、施工風險高，所以發電成本也相對很高。

基於生態環境保護之考量，新能源中以太陽能、生質燃料、及燃料電池等，具有清潔與可再生特性的綠色能源，最被寄予厚望，然而它們的成本仍高，能夠取代多少石油，以及發展時亦可能導致的環境破壞仍有待努力。比較起各種開發中的新興能源，最值得發展的新能源要算是燃料電池、太陽能及生質能源。

燃料電池

燃料電池是一種使燃料在電極表面進行化學反應，直接產生電

力的裝置，氫氣、甲醇、乙醇、天然氣，甚至汽油都可以做為燃料電池的燃料。先看看氫氣和氧氣直接反應，立刻像炸彈一樣的爆炸，這表示它有很大的能量和很快的反應速率，並不能發電，只會迅速產生熱，所以並不容易利用。化學家設計了一種電極，只讓氫氣在它表面反應放出電子，生成的氫離子迅速進入電池內部氫離子交換透膜，電子流出經外部電路到達另一電極。生成的氫離子經電池內部到達另一電極，此時氫離子才與氧氣和電子相遇生成水，它的能量轉換效率高達 80%左右。燃料電池有五大類，目前所遭遇的技術瓶頸，主要是氫氣儲存問題，反應所需溫度太高，材料不穩定，金屬觸媒的速率太慢，效率不佳等，這也是目前燃料電池尚無法普及的原因。

太陽能電池

「太陽能電池」顧名思義就是吸收太陽光，即可產生電，其發電原理為透過半導體，將入射光能量轉換成電的光伏特效應。太陽能電池可分成三個世代。第一代太陽能電池是利用矽半導體做成，有單晶矽型、多晶矽型及非晶矽型等。第二代太陽能電池是利用化合物半導體做成，有砷化鎵（GaAs）型、GaInP/GaAs/Ge 型及 Cu-InGaSe$_2$ 型等，後者簡稱 CIGS，效率已可達 19%。第三代太陽能電池是利用染料與半導體做成，染料可分為有機化合物及無機化合物兩大類，後者的最高效率已可達 12.3%，此紀錄是交通大學刁維光與中興大學葉鎮宇今年在《Science》期刊上發表的成果。太陽能電池目

前的問題是能量密度仍然不足,需要很大的面積才有辦法實用化,價格仍然偏高。

生質燃料

　　至於生質能源則是將生質作物轉換獲得可利用的電能與熱能。生質燃料是由生物產生的有機物質作為能源,例如油源植物種籽榨出來的油,或是澱粉發酵方法,產生丁醇、乙醇等化合物,可以與石化能源(如柴油)併用,目前已有商業化應用。生質燃料可分成三個世代。第一代生質水生植物製成噴射機油(jet oil)等。今年七月英國的納菲爾德生物倫理學理事會(Nuffield Council on Bioethics, NCB)公布了生質燃料的五個道德準則:1. 生質燃料的供應不可以人的基本權利為代價,如糧食供應;2. 生質燃料的供應必須符合環境的永續性,例如:不可破壞生物多樣性、不可過量用水、農藥及肥料;3. 生質燃料生產與使用的循環中,必須達成溫室氣體減量;4.

生質燃料的生產為獎勵性的,顧及勞工及智慧權利;5. 生質燃料的利益,均應由全民共享。前幾年,乙醇等化合物的生產,已經嚴重影響糧食供給,就不合此原則。

圖一:麻風樹(jatropha)屬大戟科(Euphorbiaceae)多汁性灌木,是極佳生物燃料來源。

代替石油的資源

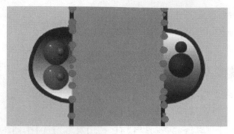

圖二：燃料電池示意圖：左、右半圓形區域分別為氫氣、氧氣的孔道，兩側小點為觸媒電極，中間為氫離子交換膜（PEM）。

石油另一個重要角色是化學品原料的供給，而利用石油以外的天然資源來製作高分子材料已是未來趨勢。事實上，科學家正嘗試利用動植物或微生物來製造塑膠，據說這種方式甚至可能產生比一般塑膠強度更大的高分子；這些從細菌生產而得的塑膠稱之「綠色塑膠」。綠色塑膠的潛力在於不同的菌種能生產不同種類、不同結構、不同分子量的塑膠。

結語

從成本分析的觀點來看，石油這麼寶貴的資源，把它當作燃料燒掉實在太可惜了，若能將它當作化工原料善加利用，還可以用很久，當然最重要的是你我本身要從節約能源做起。歸納上述能源之優缺點，未來的動力還是得靠燃料電池，至於電力則更應積極發展太陽能，核能在短期內仍為兼顧能源，達成溫室氣體減量，必須的選項之一。（本文圖片皆由作者提供）

（2011 年 12 月號）